工业和信息化"十三五"
人才培养规划教材

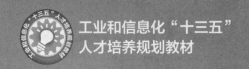

响应式网页开发

基础教程 ｜（jQuery+Bootstrap）

Basic Course of Responsive Web Development

郑婷婷 黄杰晟 ◎ 主编

人民邮电出版社
北 京

图书在版编目（CIP）数据

响应式网页开发基础教程：jQuery+Bootstrap / 郑
婷婷，黄杰晟主编. -- 北京：人民邮电出版社，2019.3（2023.7重印）
工业和信息化"十三五"人才培养规划教材
ISBN 978-7-115-50130-1

Ⅰ．①响… Ⅱ．①郑… ②黄… Ⅲ．①网页制作工具
－JAVA语言－程序设计－教材 Ⅳ．①TP393.092.2
②TP312.8

中国版本图书馆CIP数据核字(2018)第260937号

内 容 提 要

本书全面介绍了响应式网页开发所涉及的关键技术，包括响应式网页设计基础、JavaScript 基础、jQuery 基础、Bootstrap 基础、响应式布局、Bootstrap 组件设计和页面效果设计实例等，最后给出综合实例讲解，以加深读者对响应式网页开发技术的认识。在内容选择、深度把握上，充分考虑了初学者的特点，并注重知识点之间的融会贯通，结合多个实例的讲解，力求循序渐进、深入浅出。

本书既可以作为应用型本科、高职高专响应式 Web 程序设计相关课程的教材，也可作为相关课程的参考用书，还可供 Web 前端开发人员作为入门参考。

◆ 主　编　郑婷婷　黄杰晟
　　责任编辑　范博涛
　　责任印制　马振武
◆ 人民邮电出版社出版发行　北京市丰台区成寿寺路 11 号
　　邮编　100164　电子邮件　315@ptpress.com.cn
　　网址　http://www.ptpress.com.cn
　　三河市兴达印务有限公司印刷
◆ 开本：787×1092　1/16
　　印张：14.25　　　　　　　　2019 年 3 月第 1 版
　　字数：418 千字　　　　　　2023 年 7 月河北第 9 次印刷

定价：45.00 元

读者服务热线：**(010)81055256**　印装质量热线：**(010)81055316**
反盗版热线：**(010)81055315**
广告经营许可证：京东市监广登字 20170147 号

前言　　　　　　　　　　　　　　　　FOREWORD

响应式是伊桑·马卡特（Ethan Marcotte）在 2010 年 5 月提出的一个概念，这个概念是应移动互联网时代的浏览需求而产生的。响应式网页的核心在于"一次设计，普遍适用"，可以为不同终端的用户提供更加舒适的界面和更好的用户体验。随着移动终端的普及，响应式的网页设计可以说是"大势所趋"。

如何开发响应式网页，满足各种终端用户的浏览需求，是 Web 前端设计及开发人员需要思考的。本书根据响应式网页开发的技术主线编写，第 1～3 章介绍响应式网页开发的技术基础。首先，从响应式网页的概念出发，第 1 章讲解响应式网页设计基础，包括响应式的概念、媒体查询、响应式网页呈现等。由于响应式网页的实现框架多基于 CSS 3+JavaScript，因此在第 2 章讲解了 JavaScript 基础，包括 JavaScript 编程基础、JavaScript 对象及事件、结合 CSS 3 的一些应用实例等。第 3 章介绍了 jQuery 的基础。众所周知，jQuery 是一个应用广泛的 JavaScript 框架，也是目前响应式插件应用及开发的基础，是响应式编程的重要手段，关于 jQuery 的讲解主要侧重于与传统 JavaScript 比较，介绍如何实现更高效的前端开发。第 4～6 章则主要介绍响应式网页框架的应用。从第 4 章开始，引入了热门的响应式框架 Bootstrap，包括如何在网页中使用Bootstrap 及其基本样式。第 5 章则围绕响应式布局方式展开，依次介绍了响应式布局的方式、布局元素以及 Bootstrap 中响应式布局的实现。第 6 章讲解 Bootstrap 组件设计，包括表单控件、导航及分页、消息提示、内置组件等。而第 7 章和第 8 章讲解响应式网页开发的一些应用实例，帮助读者加深对响应式网页开发技术的理解与认识。

本书提供了教学课件、源文件、工具、微课等教学资源，这些资源都可在人民邮电出版社教学服务与资源网上免费下载。在编写本书的过程中，编者充分考虑了初学者的特点，结合编者多年的 Web 前端相关的教学、开发、研究经验，精心设计教学案例，通过多个实例的讲解，力求循序渐进、深入浅出，让初学者易于接受。

Web 前端开发技术是当今信息技术领域的一个热点，尤其响应式开发作为其中的新兴领域，大量新技术不断出现，由于作者水平有限，书中难免存在不足之处，敬请广大读者批评指正。

编者

2018 年 12 月

目录 / CONTENTS

Chapter
1

第1章

响应式网页设计基础

1.1 什么是响应式网页

进入移动互联网时代，各种不同的移动智能设备层出不穷，比如说智能手机、平板电脑、可穿戴式设备等。据2017年8月第40次《中国互联网络发展状况统计报告》的统计结果，截至2017年6月，我国网民规模达到7.51亿，其中手机网民达7.24亿，占比达96.3%，较2016年底增长了1.2个百分点，与此同时，使用台式电脑、笔记本电脑等终端上网的比例却有所下滑。这意味着网民的上网设备进一步向移动端集中，移动互联网主导地位进一步强化。但各种不同的移动智能终端设备的屏幕大小和分辨率都是不尽相同的，而且即使是同一个设备，当用户旋转屏幕时，纵向和横向查看的屏幕尺寸也会有差异，所以如何使网页在不同的设备和不同的屏幕分辨率下都能达到理想的显示效果，使得用户不管通过什么终端都能达到理想的浏览和使用体验，是新型的网页设计与开发技术所要达到的需求。显然，传统固定布局的方式已经无法满足这种需求了，因此，现在越来越多的网站都已经开始采用响应式的思想来设计与开发网页。响应式网页设计已经成为当今网页开发技术的新潮流。

1.1.1 响应式网页设计的产生

响应式网页设计，全称是 Responsive Web Design，最早是由伊桑·马卡特（Ethan Marcotte）在2010年提出的一个概念，最主要的动机是"如何使得页面布局适应任何的浏览窗口"。响应式页面的设计理念是，页面的设计与开发应当能够根据用户的行为以及设备环境（包括系统平台、屏幕尺寸、屏幕定向等）进行相应的响应和调整，也就是页面应该有能力去自动响应用户的设备环境。简而言之，这个概念指的就是网站的页面能够兼容多种不同的终端，根据不同的环境做出自动的响应及调整。

响应式网页开发的实现方案有很多，包括 CSS 媒体查询的使用、弹性网格和布局、流式图像等。无论用户使用的是哪种设备，响应式页面都应该能够自动切换分辨率、图片尺寸及相关脚本功能等，以实现自动的适应。

伊桑·马卡特在其个人网站上给出了响应式网页的简单示例。这个网站虽然简单，却具备了响应式网页的要素：自动适应、流式网格布局、流式图像显示等等。读者可以尝试浏览这个网页，通过手动拖动鼠标改变浏览器窗口的大小，查看在不同浏览器窗口尺寸下页面显示的变化。可以看到，在不同的浏览器窗口尺寸下，网页的地址没有发生变化，但网页的布局显示却可能有所改变，如图1-1所示。

图 1-1　响应式网页在不同显示尺寸下的布局变化

1.1.2　响应式和"自适应网页"

提到响应式网页，不得不提的就是另一个"自适应网页"的概念了。初学者对于这两个概念往往容易混淆。响应式网页具有自适应的特性，是指页面能自动响应及适配用户的设备环境，但平常所说的"自适应网页"是否就是响应式网页呢？

答案是否定的。适配不同浏览环境的技术有很多，而传统意义上的"自适应网页"虽然也可以针对不同的浏览环境做出自动调整，但其使用的并不一定是响应式网页的技术。比如早期的一些网站或现在一些门户网站的首页，可以根据检测到的不同的客户端而提供不同的浏览网页，比如专门提供一个 Android 的版本，或者一个 iPhone / iPad 的版本等，这也是实现网站兼容不同终端的其中一种做法。我们往往可以看到一些"自适应"网站的首页，用 PC 端浏览时访问的是类似"www.xxx.com"的地址，而使用移动设备访问的是类似"m.xxx.com"的地址，可见打开的并非同一个网页。事实上这种做法同时提供了多个不同的网页，好处是可以极大地保证不同环境下的显示效果，但是缺点也非常明显，就是在网站维护时需要同时兼顾多个不同版本的网页，而且维护的工作将会呈几何级数上升。假如这个网站有多个入口，还会大大地增加架构设计的复杂度。所以，这种使用不同页面来适配浏览条件的方式，往往比较多见于网站的首页，因为如果网站的所有内容页都采用这种方式，这个网站的结构将会变得非常臃肿。而类似这种跳转到不同地址、打开不同网页的适配方式，并不能称为真正的响应式网页，只能叫作"自适应"的。

1.1.3　响应式网页的特点

响应式网页的核心思想，在于"一次设计，普遍适用"，强调的是让同一个地址的同一个网页自动地去适应不同的显示环境，并且能够根据屏幕的设置和布局需要，来自动调整网页内容的显示。而响应式的网站，不管使用什么设备，打开及显示的都是同一个地址、同一个网页，只是这个网页可以通过自动地识别屏幕宽度，对不同的使用环境做出相应的自动调整，从而造成网页的布局和内容展示在不同环境下时可能会有所不同。

开发响应式网页时，首先我们需要改变一下以往的观念，在开发时"以移动设备优先"。为什么要选择移动优先呢？第一个原因就是现在移动设备的使用率越来越高，而且随着移动互联网技术的发展，移动端的应用将成为重点。

还有基于网站开发流程方面的考虑。打个比方，想象一下我们搬家的时候，如果我们要把所有的东西从一个大房子搬到一个小房子，那么很有可能空间会比以前拥挤，而且如果东西太多放不下，可能要不得不舍弃掉一些东西，这种"舍弃"有时会是一个很艰难的决定。但是如果反过来，从一个小房子搬到一个大房子，那么空间会宽松很多。同样的道理，移动端稍微偏小的屏幕尺寸会使得空间比较受限，那么就要求我们在设计时考虑把最重要的内容优先加载和展示，这样，即使后面迁移到较大的屏幕，也可以保证整体的结构不会受到破坏，也许为了页面的美观可能需要增加一些内容，但毕竟做加法会比做减法容易得多。而且由于大小、带宽等限制，移动网页的设计绝大部分应该是内容性的设计，移动优先原则下提高用户体验的一大法宝，就是"把最重要的东西放在最显眼的地方"。

　　在这里先给出响应式网页的一些特点。在后面的学习中，我们将深入学习这些特点在网页中的实现。

　　（1）媒体查询技术（Media Query）。响应式网页往往包含多个媒体查询语句，用于适配不同的显示条件。

　　（2）流式网格布局（Fluid Grid Layout）。让网页元素来决定网格的大小和设计，并根据网页元素来决定所占用的网格位置尺寸。

　　（3）灵活的多媒体显示（Flexible Media）。根据不同设备、不同分辨率、不同网速等环境，来自动适配多媒体内容的显示。比如可以让同一个图像，在 iPhone 6 上显示"高清"的版本，而在 iPhone 4 上只显示"一般"的版本。

　　（4）高性能的 JavaScript 脚本。由于有些用户终端的运行条件有限，响应式网页里的脚本肯定要考虑运行效率的问题。现在已有一些较成熟的 JavaScript 框架，比如 jQuery 等，能大大改进脚本程序的运行性能和效率。

1.2　媒体查询及应用

1.2.1　媒体查询简介

　　媒体查询（Media Query）是 CSS 3 中获取用户行为和设备环境（比如屏幕宽度、屏幕分辨率、设备方向等）并适配相应的 CSS 规则的过程。媒体查询让 CSS 能更精确地作用于不同的媒体类型和同一媒体的不同条件，也可以为一些特定的输出设备定制特定的显示效果，从而为不同终端的用户都能提供较好的浏览体验。

　　媒体查询的定义要使用@media 关键字所定义的规则。表 1–1 是@media 规则对主流浏览器的支持。表格中的数字表示支持这个版本号及以上的浏览器版本，比如说对于 IE 浏览器，媒体查询支持 IE 9.0 及以上的版本。在测试响应式网页时，最好使用表中所示的这些版本号或以上的浏览器。

表 1–1　媒体查询对浏览器的支持

支持的浏览器类型					
支持的最低版本号	21	9	3.5	4.0	9

1.2.2　媒体查询的基本形式

　　其实在 CSS2 中，就已经可以根据媒体类型获得不同的 CSS 支持。比如类似这样的 HTML 代码：

```
<link rel="stylesheet" type="text/css" href="site.css" media="screen" … />
<link rel="stylesheet" type="text/css" href="print.css" media="print" … />
```

这些语句在 HTML 标签中通过 media 属性来设置在不同视图下所调用的 CSS 样式表，比如 screen 表示计算机屏幕，而 print 则表示打印预览模式下内容的显示。所以这里的第 1 个 link 语句表示在计算机屏幕显示的样式设置，而第 2 个 link 语句则表示在打印模式下的样式设置。

　　在 CSS 3 中，媒体查询的功能更加强大，不仅可以定义不同模式下的样式显示，还可以扩展媒体类型的函数，并允许在样式表中使用更加精确的显示规则，这样就能够更灵活地对特定的设计场景使用自定义的显示规则。

媒体查询还可以在样式表文件或页面的<style type="text/css">…</style>标签内定义。以下是CSS 3 中媒体查询定义语句的基本格式：

`@media (适用条件1) and/or (适用条件2)…{适用的 CSS 样式}`

媒体查询的定义首先用 media 关键字定义媒体查询，接着指定媒体查询的适用条件，这些条件可以是一个或多个特定条件设置的表达式，比如最小的屏幕宽度、最大屏幕宽度等，多个条件之间可以使用 and 或 or 来进行连接，最后是定义在满足指定条件下 CSS 样式的设置。

比如【例 1-1】的媒体查询语句，就指定了在屏幕的宽度最大不超过 300 像素时，页面的背景颜色的显示将会变成指定的亮蓝色。

【例 1-1】

```
@media screen and (max-width: 300px) {
        body {
                background-color:lightblue;
              }
}
```

媒体查询条件可以是多个。比如【例 1-2】中的媒体查询语句就指定了多个限制条件，表示在屏幕的宽度在介于 960 像素和 1200 像素之间时，页面背景颜色的显示将会变成指定的黄色。

【例 1-2】

```
@media screen and (min-width:960px) and (max-width:1200px){
    body{
         background:yellow;
         }
}
```

也可以使用类似 CSS 2 的形式进行媒体查询定义，不过适配的条件可以更精确。基本的格式：

`<link media="(适用条件1) " type="text/css" rel="stylesheet" … >`

如以下代码表示在屏幕宽度不超过 768 像素时适配的样式：

`<link media="only screen and (max-width: 768px)" type="text/css" rel="stylesheet" … >`

媒体查询定义的@media 后面支持多种媒体类型。CSS 3 中提供了多种的媒体介质类型，常用的有屏幕 screen 和打印机样式 print 等，还有一些特殊设备，比如语音朗诵设备 speech 等。一个平台只有一种介质类型。表 1-2 是媒体类型的所支持的值的列表，可以看到有一些类型已经不适用了，现在使用的只有 all、print、screen、speech 这几种。

表1-2 媒体查询支持的媒体类型

值	描述	备注
all	用于所有设备	
print	用于打印机和打印预览	
screen	用于彩色屏幕的设备（如平板电脑、智能手机等）	
speech	应用于屏幕阅读器等发声设备	
aural	用于语音和声音合成器	已废弃
braille	应用于盲文触摸式反馈设备	已废弃
embossed	用于打印的盲人印刷设备	已废弃
handheld	用于掌上设备或更小的装置，如 PDA 等	已废弃
projection	用于投影设备	已废弃
tty	用于固定的字符网格，如电报、终端设备和对字符有限制的便携设备	已废弃
tv	用于电视和网络电视	已废弃

如果指定对所有媒体类型都适用，可使用 all 指代所有支持的媒体类型，类似以下语句这样：

```
@ media all …
```

而如果要指定适用于多种设备，可以用关键字 and 来连接，比如类似以下的语句的定义表示同时适用于两种设备：

```
@media screen and speech …
```

还可以使用关键字 only 来表示只适用于某种设备，以及使用关键字 not 来排除某种特定设备。比如类似以下这种我们常见的这种写法，就表示样式定义只适用于屏幕：

```
@media only screen…
```

1.2.3　常用媒体特性

媒体查询可用于检测的媒体特性包括屏幕宽度、屏幕方向等，常用的特性如表 1-3 所示。

表1-3　常用媒体特性

属性	描述
device-height, device-width	定义输出设备的屏幕可见高度及宽度
max-height, max-width	定义输出设备中的页面最大可见区域高度及宽度
min-width, min-height	定义输出设备中的页面最小可见区域高度及宽度
max-device-height, max-device-width	定义输出设备的屏幕最大可见高度及宽度
min-device-height, min-device-width	定义输出设备的屏幕最小可见高度及宽度
orientation	定义输出设备中的屏幕方向。取值可以是 portrait（纵向）或 landscape（横向）
resolution	定义设备的分辨率。如：96dpi（每英寸点数），300dpi，118dpcm（每厘米点数）等

媒体特性 max-width 是指当显示尺寸小于或等于指定的宽度时，所匹配的样式。例如，【例 1-3】中的媒体查询表示只适用于屏幕的规则，如果浏览器窗口不超过 500 像素（即小于或等于 500 像素），背景将显示为浅蓝色。

【例 1-3】

```
@media only screen and (max-width: 500px) {
    body {
        background-color: lightblue;
    }
}
```

而 min-width 则指的是显示尺寸大于或等于指定宽度时，所匹配的样式。如【例 1-4】定义的媒体查询表示如果浏览器窗口不小于 900 像素（即大于或等于 900 像素），容器.wrapper 的宽度为 980 像素。

【例 1-4】

```
@media screen and (min-width:900px){
    .wrapper{width: 980px;
    }
}
```

在智能设备上，还可以根据设备的屏幕尺寸来设置相应的样式，比如 min-device-width 或者 max-device-width。比如以下代码表示如果设备的最大显示宽度为 480 像素时匹配的样式，其中 max-device-width 指的就是设备当前的分辨率。

```
<link rel="stylesheet" media="screen and (max-device-width:480px)" href="iphone.css" />
```

【例 1-5】的媒体查询则定义了如果屏幕显示的方向是垂直的（orientation: portrait），背景将显示为浅蓝色。

【例 1-5】

```
@media only screen and (orientation: portrait) {
    body {
        background-color: lightblue;
    }
}
```

如果要指定的媒体查询的特性有多个，也可使用 and 连接多个查询条件，比如【例 1-6】的媒体查询表示如果屏幕的宽度在最小的 320 像素到最大的 720 像素之间时，网页的背景颜色将为红色。

【例 1-6】

```
@media screen and (max-width:720px) and (min-width:320px){
    body{
        background-color:red;
    }
```

1.2.4 动手练习：制作响应式网页示例

在本节我们将使用 Adobe Dreamweaver CC 来开发响应式网页。Adobe Dreamweaver CC 是 Adobe 公司发布的新一代网页制作及编辑软件，相比以前的版本，它集成了 Bootstrap 等响应式框架，能帮助用户更高效地开发移动优先、快速响应的网站。同时，还可以更便捷地利用媒体查询功能查看针对各种断点的设计，从而进一步完善网页的结构。另外 Adobe Dreamweaver CC 还支持实时视图下 jQuery UI 元素的查看，以及通过新增的 DOM 面板，可以更准确地插入、复制、粘贴、移动或删除页面元素。

下面我们开始使用 Adobe Dreamweaver CC 来建立第一个响应式网页，并对 Adobe Dreamweaver CC 的开发环境做一个初步的了解和认识。需要注意的是，Adobe Dreamweaver CC 只支持 Windows 7 及以上的系统，不能在 Windows XP 环境下使用。另外，测试响应式网页的浏览器也最好使用较新的版本，比如 IE 9.0 以上，因为低版本的浏览器可能不支持响应式网页技术。

我们在 Dreamweaver 创建一个新的空白页面。在页面的<body>标签中添加一个 id 为 test 的 div。代码如下所示：

```
<body>
<div id="test">
</div>
</body>
```

把以下媒体查询的相关语句添加到<head>标签内：

```
<meta name="viewport" content="width=device-width, initial-scale=1.0">
<style type="text/css">
/*该div的默认属性设置*/
#test{
    background: silver;
        width: 400px;
        height: 200px;
        margin: auto;
    }
/*媒体查询设置。当屏幕达到600px及以上时div的样式设置*/
@media screen and (min-width:600px){
#test{
        background:#EBEA89;
```

```
      }
    }
  </style>
```

可以通过 Dreamweaver 中的实时视图查看页面显示效果。手动拖动 Dreamweaver 的实时视图的右侧边界，修改实时视图大小，可以看到当实时视图宽度小于 600 像素时，这个 test 的 div 显示为默认的灰色背景颜色；而当实时视图宽度大于 600 像素时，这个 test 的 div 显示为一种类似淡黄的背景颜色。

也可以在浏览器中浏览、测试这个页面。现在有一些浏览器提供了响应式网页的测试工具。比如 Google Chrome 浏览器，在工具栏或使用组合键【Ctrl+Shift+I】打开"开发者工具"视图，单击"开发者工具"菜单栏中的"Toggle device toolbar"图标（见图 1-2），即可打开模拟移动设备的调试工具。

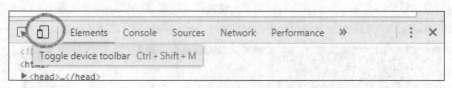

图 1-2　打开 Toggle device toolbar

在模拟移动设备查看页面的上方有一些显示设置的参数，可以修改模拟的设备类型、切换设备屏幕方向（Rotate 键）、设置网络状态等参数，比如可以把当前模拟的设备类型切换为 iPhone、iPhone 6 等，如图 1-3 所示。可以试试在这些设备上打开刚才的网页，查看显示效果。如需调试其他不在列表中的模拟设备类型，可通过图 1-3 菜单中的"Edit…"来添加。

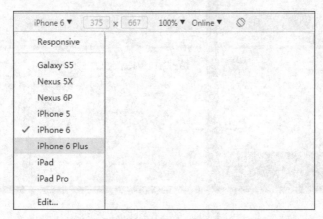

图 1-3　设置模拟设备及参数

1.3　响应式网页呈现

1.3.1　屏幕可视区域 viewport

我们往往可以在响应式网页的<head>标签中看到类似这样的语句：

```
  <meta name="viewport" content="width=device-width, initial-scale=1.0, maximum-scale=1.0,
user-scalable=0">
```

这个语句中的 viewport 表示的是屏幕的可视区域。通俗地说，viewport 指的就是除去所有工具栏、状态栏、滚动条等之后用于显示网页的区域，这个语句的主要作用就是让当前屏幕可视区域的宽度等于设备的宽度，同时不允许用户手动缩放。这样可以避免浏览器的自动缩放功能给页面浏览带来的不便，因为在很多移动设备上的浏览器都会把自己默认的 viewport 设为一些大于设备本身屏幕宽度的数值，超过了屏幕本身的默认宽度，例如在 iPhone 上默认显示的网页区域是 980 像素。常见设备的默认 viewport 如表 1–4 所示。

表1–4　常见设备的默认 viewport（屏幕可视区域）

设备类型	iPhone	iPad	Android Samsung	Android HTC	Chrome	Opera Presto	IE
默认 viewport	980px	980px	980px	980px	980px	980px	1024px

viewport 默认值一般大于设备本身屏幕宽度可以增加浏览器显示的范围（见图 1–4），这样做虽然可以增加浏览器显示的范围，但因为浏览器可视区域的宽度比默认的 viewport 值要大，将使得浏览器会出现横向滚动条，有的浏览器会对页面进行自动缩小，使得网页浏览的效果不好。

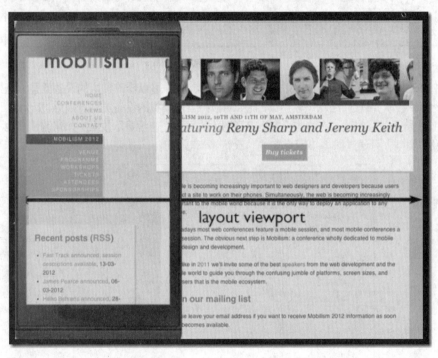

图 1–4　默认的 viewport 与设备尺寸的对比

为了避免滚动条的出现或页面的自动缩小，可以对 viewport 的属性进行设置。表 1–5 列出了 viewport 的常用属性。其中，width 和 height 属性分别表示窗口显示的最大宽度和高度，initial-scale 表示页面的初始缩放值，minimum-scale 和 maximum-scale 则分别表示用户允许的最小和最大缩放值，而 user-scalable 则用于设置是否允许用户进行缩放操作。所以，以下的语句表示窗口显示的宽度为设备本身宽度，以原始尺寸显示，并且页面不允许缩放，这段代码往往被添加到响应式网页的 <head> 标签内：

```
<meta name="viewport" content="width=device-width, initial-scale=1.0, maximum-scale=1.0, user-scalable=0">
```

这种设置可以保证响应式页面能自动根据设备本身的宽度显示最佳的浏览效果，而不至于在某些设备上出现横向滚动条或自动缩小。

表1-5　viewport 常用属性

属性	描述
width	设置窗口显示的最大宽度，为一个正整数，或字符串"width-device"
height	设置窗口显示的最大高度，这个属性很少使用
initial-scale	设置页面的初始缩放值，为一个数字，可以带小数
minimum-scale	允许用户的最小缩放值，为一个数字，可以带小数
maximum-scale	允许用户的最大缩放值，为一个数字，可以带小数
user-scalable	是否允许用户进行缩放操作，值为"no"或"yes"（0 或 1），no 代表不允许，yes 代表允许

1.3.2　相对大小与绝对大小

页面元素大小的设置也是在响应式网页设计中需要注意的一个问题。我们在以往固定布局的页面中设置页面元素时，往往使用的是绝对大小单位 px（像素），但在响应式页面中要适配不同显示环境的显示效果，使用绝对大小显然不能满足需要。因此，页面的元素大小设置最好采用相对大小单位，比如百分比、em、rem 等。

这还涉及屏幕物理像素和 CSS 设置的像素的对应问题。在 PC 端的浏览器中，CSS 的 1 个像素确实往往都是对应着电脑屏幕的 1 个物理像素，这可能会造成我们的错觉，让我们觉得对于所有的设备，CSS 中的像素都是跟设备的物理像素是一样的。但实际情况却并非如此。在早期的移动设备，比如 iPhone 3 中，屏幕像素的密度都比较低，那个时候一个 CSS 像素也是等于 1 个屏幕物理像素。但后来随着设备显示技术的发展，移动设备的屏幕像素密度越来越高，比如 iPhone 4 的分辨率比 iPhone 3 提高了一倍，变成了 640 像素 × 960 像素，但屏幕尺寸却没变化，这就意味着在同样大小的屏幕上，像素多了一倍，也就是说在 iPhone 4 中 1 个物理像素就等于 2 个 CSS 像素了。随着移动设备的发展，特别是各种高性能显示设备的出现，像 iPhone 6S、三星 Galaxy Note 3 等设备的屏幕像素密度可以达到 3，即 1 个物理像素等于 3 个 CSS 像素，图像的显示会更加精细。所以，现在移动设备的 CSS 像素与屏幕物理像素的对应关系，因设备的不同而会有差异，而且缩放的操作也可能导致像素的不统一。如果继续使用固定像素作为字体大小，不能保证在不同的设备上网页的显示都能达到较好效果。

em 是一个相对字体大小单位。其中"相对"的计算会有一个参考物，一般"相对"所指的是相对于元素父元素的 font-size。比如说，如果在一个<div>设置字体大小为"16px"，此时这个<div>的后代元素将继承它的字体大小，除非重新在其后代元素中进行过显示的设置。此时，如果将其子元素的字体大小设置为"0.75em"，那么其字体大小计算出来后就相当于 0.75 × 16px = 12px。

但是使用 em 也存在一个问题，就因为 em 是相对于它的父元素来设置字体大小的，这样在进行任何元素设置的时候，都需要参考其上一级父元素的 font-size。该元素将继承其父元素的 font-size 来进行计算，而当前这个父元素又会继承它的上一级父元素的 font-size。因此，以 em 为单位的元素字体大小会受其任何上一级父元素的影响，如果在当前元素的任意一级父元素中有相关的大小设置，都会使得这个计算变得混乱。

比如，如果在图 1-5 所示的页面结构中，对于 main 的 div 设置了 font-size，而这个 main 的 div 又在另一个 container 的 div 中，如果 container 也有 font-size 的设置 5em，那么假如当前浏览器默认的字体大小是 16px，在 container 中的字体大小就为 16 × 5=80px，而在 main 中的字体大小就应该是 16 × 5 × 5=400px 了。实际的显示效果类似图 1-6 所示。如果 div 的层次及设置更复杂，这些计算将会更混乱。

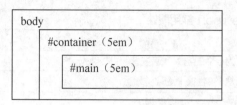
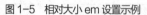

图1-5　相对大小em设置示例

图1-6　相对大小em设置的显示效果示例

所以，对于字体的设置可以使用另一个相对大小的单位rem，因为rem是相对于根元素<html>而言的，这样就意味着在计算时只需要参考根元素<html>的相关设置就可以了。

同样是上面这个例子，如果把单位换成rem，每个div的font-size设置如图1-7所示，假如当前浏览器默认的字体大小还是16px，那么在main中的字体大小计算也只是需要参考其根元素16px，也就是16×5=80px，而container中的字体大小是5rem，实际也是16×5=80px。实际显示效果类似图1-8所示。使用rem作为单位，网页中任何字体大小的设置不会对其下一级元素的字体大小的计算和显示造成任何影响，也不会受到除了根元素以外的父元素的设置影响，因为rem这个单位的计算只需要参考其根元素，也就是浏览器本身的默认字体大小。

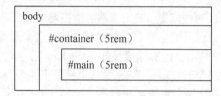

图1-7　相对大小em设置示例

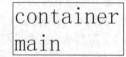

图1-8　相对大小rem设置的显示效果示例

1.3.3　响应式图像适配

图像是网页中非常重要的元素。如果我们希望网页中的图像在所有的设备上都能达到较好的显示效果，在不同的设备上所显示的图像文件应有所区分。比如对于高像素密度的屏幕，应尽量以高精度的图像显示；而如果是屏幕较小、分辨率较小的屏幕，显示的图像文件的尺寸可以稍微小一点。

实现响应式的图像适配的方法有多种，如果要实现比较复杂的响应式效果，可以借助Bootstrap等已有的响应式框架，而最简单的实现方式，就是使用HTML 5中<img>标签的srcset和sizes属性。

其中，srcset属性用于根据屏幕像素密度或屏幕宽度来匹配不同的图像文件，比如下面这个语句：

```
<img srcset ="img/1_1280.jpg 3x,img/1_640.jpg 2x,img/1_320.jpg 1x"/>
```

这个语句表示在屏幕像素密度分别为3倍、2倍和1倍的时候，在这个图像的位置将分别下载对应不同的图像文件。其中，1x、2x和3x分别表示屏幕像素密度的大小，即多少个CSS设置的像素对应屏幕上显示的1个像素，这个倍数越高，屏幕显示的图像精度越大。

除了可以根据屏幕密度来进行图像适配，还可以根据屏幕的宽度来实现。比如这个语句：

```
<img src="img/1_1280.jpg"  srcset ="img/1_1280.jpg 1280w,img/1_640.jpg
640w,img/ 1_320.jpg 320w"/>
```

这个语句表示将根据屏幕的宽度来进行图像文件的适配，指定了在屏幕宽度分别达到1280wpx、640wpx和320wpx的时候将怎样适配图像文件。

而sizes属性表示可以使用类似媒体查询语句来设置图像的大小。比如以下语句：

```
<img src="img/1_1280.jpg" sizes="(min-width:1200px) calc(43vw), 50vw"/>
```

这里表示当屏幕的宽度大于等于1200px时，图像宽度将显示为当前屏幕宽度的43%，就是说假如当前屏幕是 1200px，那么图像将显示为 1200px 的 43%，也就是 516 像素；而后面的 50vw 则表示当不适配前面的所有条件的显示设置，将图像宽度显示为当前屏幕的 50%，比如，当前屏幕宽度如果是 1000px，那么图像宽度将显示为 1000px 的 50%，也就是 500px。

　　准备两组图像，图像的宽度分别为 1280px、640px 和 320px。下面是实现图像适配的一个简单示例。

1. 建立页面的主体结构

　　新建一个空白页面，建立网页的主体结构。为了突出重点，这里先尽量简化网页的结构，在网页中只包含一个导航栏和两个显示图像的区域。HTML 页面的代码如下：

```
<body>
<div id="container">
<nav><ul type="none">导航
<li>主页</li>
<li>介绍</li>
<li>关于</li>
<li>联系我们</li>
</ul></nav>
<main>
 <div class="pic" ></div>
<div class="pic"> </div>
</main>
</div>
</body>
```

2. 设置每个页面元素的基本 CSS 样式

添加以下代码到 <head> 标签中：

```
<meta name="viewport" content="width=device-width, initial-scale=1.0, maximum-scale=1.0,
user-scalable=0" /> <!-- 响应式网页的可视区域设置 -->
<style type="text/css">
/* container 的 div 是最外层的布局。设置它的宽度属性，并设置它居中显示*/
#container {
    width:95%;
    margin:auto; }
/* nav 是导航栏。设置它的宽度和左侧间距，并设置它的背景颜色和浮动*/
nav{
    width:15%;
    padding-left:1%;
    background:silver;
    float:left;     }
/* main 用于显示页面主要内容。设置它的宽度和浮动形式*/
main{
    width:80%;
    float:left;  }
/* pic 类用于设置要显示的图像。*/
.pic{
    width:50%;
    float:left;
    }
</style>
```

3. 添加响应式图像

把预先准备的两组图像按存放在特定文件夹（例如当前网站的 img 文件夹下），在 <main> 标签的两个 div 中插入要显示的响应式图像。最好按规律对预先准备的两组图像重命名以方便在网页中调用（比如第 1 组的 3 个图像按大小分别命名为 1_1280.jpg、1_640.jpg、1_320.jpg）。修改<main>标签对里的代码，具体参考如下：

```
<!--第1个图像 -->
    <div class="pic"><img src="img/1_1280.jpg"
    srcset ="img/1_1280.jpg 1280w,img/1_640.jpg 640w,img/1_320.jpg 320w"
    sizes="(min-width:1200px) calc(43vw),(max-width:640px) calc(80vw),60vw"/>
    <!--可根据需要修改图像存放的位置和图像名称 -->
    </div>
    <!--第2个图像 -->
    <div class="pic" ><img src="img/2_1280.jpg"
    srcset ="img/2_1280.jpg 1280w,img/2_640.jpg 640w,img/2_320.jpg 320w"
    sizes="(min-width:1200px) calc(43vw),(max-width:640px) calc(80vw),60vw"/>
    </div>
```

其中，<img>的 srcset 属性设置了在不同的屏幕宽度下图像的适配的图像文件，而 sizes 属性则设置了在不同屏幕宽度下图像的宽度显示。

4. 添加媒体查询

在<style>标签里原来的样式设置下面添加以下媒体查询设置：

```
@media screen and (max-width:640px){
/* 当屏幕宽度小于等于640px时，导航栏在页面顶端显示 */
nav{
    width:80%;
    padding-left:2%;
    background:silver;
    float:left;
    }
/* 让导航栏中的列表项显示在一行，增加一个display的属性并设置为inline */
#container nav ul li{
    display:inline;
}
/* 清除图像浮动的设置，让每个图像占一行显示 */
.pic{
    float:none;
    }
}
/* 屏幕宽度不大于1200px时 */
@media screen and (max-width:1200px){
/* 清除图像浮动并设置宽度 */
.pic{
    float:none;
    width:60%;
    }
}
```

可以在浏览器中查看显示效果。先打开浏览器窗口，把窗口宽度拉到最小。关闭浏览器再重新打开，这时可以看到，在以最小宽度显示网页时网页将先加载最小尺寸的图片。慢慢把浏览器窗口拉宽，可以看到在窗口宽度足够大时，将加载更大尺寸的图片。继续拖动浏览器窗口，当浏览器窗口宽度达到 1280px 及以上时将加载最大尺寸的图片。使用 Google Chrome 浏览器测试的效果类似图 1-9 所示（宽度为 1280px 的图像没有特别标注）。

图 1-9 响应式图像测试结果

5．按屏幕密度显示对应图片的设置

除了可以根据显示窗口的大小设置图像的显示，还可以根据设备的屏幕像素密度来设置响应式图像。可分别修改两个图像显示的网页代码如下：

```
<div class="pic" ><img srcset ="img/1_1280.jpg 3x,img/1_640.jpg 2x,img/1_320.jpg 1x"
 alt="pic1" sizes="(min-width:1200px) calc(43vw),(max-width:640px) calc(80vw),60vw"/>
</div>
<div class="pic"> <img srcset ="img/2_1280.jpg 3x,img/2_640.jpg 2x,img/2_320.jpg 1x"
alt="pic2" sizes="(min-width:1200px) calc(43vw),(max-width:640px) calc(80vw),60vw"/>
```

这里 srcset 属性的设置表示，当设备屏幕像素密度为 1 的时候，将显示 320px 宽的图像；当屏幕像素密度为 2 的时候，显示 640px 宽的图像；当屏幕像素密度为 3 的时候，显示 1280px 宽的图像。

在一般的 PC 屏幕下，都将显示宽为 320px 的图像。如果要测试按屏幕像素密度设置的响应式图像，可使用浏览器的一些特定设置，比如 Google Chrome 浏览器的开发者工具。

保存网页并在 Google Chrome 浏览器打开。如果要测试屏幕密度为 2 或 3 的情形，使用组合键【Ctrl+Shift+I】打开 "开发者工具" 视图，单击 "开发者工具" 菜单栏中的 "Toggle device toolbar" 图标，打开模拟移动设备的调试工具，就可以在设备栏切换设备类型，比如 iPhone 5、的屏幕像素密度是 2，而 iPhone 6 Plus 的屏幕像素密度是 3。切换设备并刷新，就可以测试在不同屏幕密度下的图像显示情况。测试效果如图 1-10 所示。

图 1-10 不同屏幕像素密度下的响应式图像测试结果

1.4　本章实训：创建一个响应式网页

1.4.1　使用 HTML 5 标签建立页面基本结构

打开 Adobe Dreamweaver CC，新建一个空白页面。为了使得网页代码更高效，我们将使用 HTML 5 的标签来定义页面元素。

按以下代码建立页面结构：

```
<body>
<div id="container" >
<nav>导航</nav>
<main>内容</main>
<aside>侧边</aside>
</div>
</body>
```

1.4.2　布局与定位

接下来设置每个页面部件的基本样式定义。为满足响应式网页的需求，我们使用百分比取代固定像素来设置宽度。在这里只设置了宽度、背景颜色等几个样式属性，读者可根据需要扩充其他属性。

把以下代码添加到<head>标签内：

```
<meta name="viewport" content="width=device-width, initial-scale=1.0">
<style type="text/css">
#container {
    width:80%;
    margin:auto;

}
nav {
background:silver;
width:100%;

}
main {
    width:80%;
    background:lightblue;
    float:left;

}
aside{
    width:18%;
    padding-left:2%;
    float:left;
    background:yellow;
    }
</style>
```

1.4.3　网页内容呈现

在页面中增加媒体查询的设置。媒体查询可以直接通过编写 HTML 代码来实现，对于初学者还可以使用 Adobe Dreamweaver CC 中的"CSS 设计器"面板进行添加。在 Adobe Dreamweaver

CC 界面右侧的"CSS 设计器"面板中的相应位置单击加号+，即可添加媒体查询规则，如图 1–11 所示。

图 1-11　CSS 设计器面板中添加媒体查询规则的按钮

　　单击添加媒体查询的按钮后，将弹出定义媒体查询的对话框。在此对话框里可以增加、删除媒体查询设置的条件，如图 1–12 所示。

图 1-12　"定义媒体查询"对话框

按以下代码在\<style\>标签内增加媒体查询规则：

```
@media screen and (max-width:480px){
main{
    width:100%;
    }
aside{
    width:100%;
    padding-left:0;
    }

}

@media (min-width:769px){
nav{
    width:30%;
    float:left;}
main{
width:60%;
float:left;
    }
aside{
width:9%;
```

```
padding-left:1%;
    }
```

媒体查询条件设置完成后就可以通过调整 Dreamweaver 的实时视图宽度来查看条件下页面的不同显示了，也可以保存网页并在浏览器中测试页面的显示效果。

习题

一、选择题

1. 如果一个网站在不同的环境下跳转到不同的网址，那么这个网站（　　　）。

    A. 是响应式的　　　　　　　　　　　　B. 是固定布局的

    C. 是自适应的　　　　　　　　　　　　D. 更新和维护时相对容易

2. <link rel="stylesheet" type="text/css" href="site.css" media="print" />这个语句表示在（　　　）内容的显示。

    A. 屏幕上　　　　　B. 移动设备上　　　　C. 打印预览下　　　D. 触摸设备上

3. 以下条件表示在（　　　）时背景颜色的显示设置。

```
@media screen and (max-width: 300px) {
body {          background-color:lightblue;      }}
```

    A. 屏幕的宽度最大不超过 300 像素　　　　B. 屏幕的宽度小于 300 像素

    C. 屏幕的宽度最少不超过 300 像素　　　　D. 屏幕的宽度最少为 300 像素

4. 如果要求对所有媒体类型都适用，可以使用（　　　）来指代所有支持的媒体类型。

    A. not　　　　　　B. only　　　　　　C. all　　　　　　D. but

5. 以下媒体查询条件表示（　　　）。

```
@media only screen and (orientation: portrait) {
body { background-color: lightblue; }
}
```

    A. 设备方向为水平时显示指定的背景颜色　　B. 设备方向为垂直时显示指定的背景颜色

    C. 设备分辨率低时显示指定的背景颜色　　　D. 设备分辨率高时显示指定的背景颜色

6. 在以下这个语句中的 viewport 表示屏幕的（　　　）。

```
<meta name="viewport" content="width=device-width, initial-scale=1.0, maximum-scale=1.0,
user-scalable=0">
```

    A. 可视区域　　　　B. 总大小　　　　　C. 指定元素的大小　　D. 指定元素的可见大小

7. 以下语句使用了 srcset 属性根据屏幕的（　　　）来匹配显示的图像。

```
<img srcset ="img/1_1280.jpg 3x,img/1_640.jpg 2x,img/1_320.jpg 1x"/>
```

    A. 宽度　　　　　　B. 高度　　　　　　C. 颜色位数　　　　D. 像素密度

8. 根据以下语句，如果当前屏幕尺寸不超过 320 像素时，将自动匹配（　　　）这个图像。

```
<img src="img/img/1_1280.jpg""
srcset ="img/1_1280.jpg 1280w, img/1_640.jpg 640w,img/1_320.jpg 320w"/>
```

    A. 1_1280.jpg　　　B. 1_640.jpg　　　　C. 1_320.jpg　　　D. 以上均不能匹配

9. 以下语句表示当屏幕的宽度大于等于 1200px 时，图像宽度将显示为（　　　）。

```
<img src="img/1_1280.jpg" sizes="(min-width:1200px) calc(43vw), 50vw"/>
```

    A. 43px　　　　　　　　　　　　　　　　B. 当前屏幕宽度的 43%

    C. 当前图像原始宽度的 43%　　　　　　　D. 当前图像原始大小的 43%

10. 如果在当前的 div main 中设置了其字体为 5em，而当前 div 又在另一个 div 的 container 中。

如果 container 设置了字体大小的为 5em，那么假如当前浏览器默认的字体大小是 16px，这样在 container 中的字体大小是（　　），而在 main 中的字体大小就应该是（　　）。

    A．16px，16px   B．16px，80px   C．80px，80px   D．80px，400px

  二、操作题

使用 Adobe Dreamweaver CC 实现一个响应式网页。

要求：

1．设置 3 个或以上的媒体查询条件。

2．至少有 1 个图像实现响应式图像适配。

3．使用流式布局。

第 2 章

JavaScript 基础

2.1　初识 JavaScript

JavaScript 诞生于 1995 年，它当时出现的目的是为了验证表单输入。因为在 JavaScript 问世之前，表单都是通过服务器端验证的，而当时是电话拨号上网的年代，服务器验证数据是一件非常痛苦的事情。经过多年的发展，JavaScript 已经从一个简单的输入验证成为一门强大的编程语言。

JavaScript 是一种直译式、广泛用于 Web 客户端的、具有面向对象能力的、解释型的程序设计语言。更具体一点，它是基于对象和事件驱动并且具有相对安全性的客户端脚本语言。由于内置支持类型，JavaScript 不需要在一个特定的语言环境下运行，而只需要支持它的浏览器即可，它的解释器被称为 JavaScript 引擎，是浏览器的一部分。JavaScript 可以验证发往服务器端的数据，还能用来给 HTML 网页增加动态交互功能，增强用户体验度等。

2.1.1　JavaScript 的组成

一个完整的 JavaScript 应该由以下 3 个不同的部分组成。

1．核心（ECMAScript）

由 ECMAScript-262 定义的 ECMAScript 与 Web 浏览器没有依赖关系。ECMAScript 定义的只是这门语言的基础，而在此基础之上可以构建更完美的脚本语言。我们常见的 Web 浏览器只是 ECMAScript 实现可能的宿主环境之一。它还可以在 Actionscript、scriptEase 等环境中寄宿。而它的组成部分有：语法、类型、语句、关键字、保留字、操作符、对象等。

2．文档对象模型（DOM）

文档对象模型（Document Object Model，DOM）是针对 XML 但经过扩展用于 HTML 的应用程序编程接口（Application Programming Interface，API）。DOM 有 3 个级别，每个级别都会新增很多内容模块和标准。

DOM 描绘了一个层次化的节点树，运行开发人员可添加、移除和修改页面的某一部分。

3．浏览器对象模型（BOM）

浏览器对象模型（Browser Object Model，BOM），它提供了很多对象，用于访问浏览器的功能。BOM 缺少规范，每个浏览器提供商又按照自己的想法去扩展它，因此 BOM 本身没有通用的标准。

2.1.2　JavaScript 在网页中的引用方式

那么如何在网页中插入 JavaScript 代码呢？我们只需一步操作——在 HTML 网页中使用<script>标签。<script>标签要成对出现，并要把 JavaScript 代码写在<script></script>之间。如图 2-1 所示。

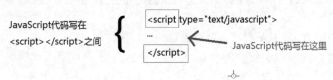

图 2-1　JS 代码的插入

在 HTML 文档中嵌入 JavaScript 脚本代码的方式主要有以下几种。

1. 页面内嵌方式

如图 2-1 所示，JavaScript 代码包含于<script>和</script>标签对，然后嵌入到 HTML 文档中。按照常规我们会把<script>标签对存放到<head>…</head>之间，但有时也会放在 body 之后。

最常用的方式是把<script>元素放到 head 部分，浏览器解析由上自下，解析到<head>部分就会执行这些 JavaScript 代码，然后往下才解析页面的其余部分，如【例 2-1】所示。

【例 2-1】

```
<html>
</head>
    <script type="text/javascript">
    alert('欢迎来到 JavaScript 世界！');        // alert();表示在页面弹出窗口显示
    </script>
</head>
<body>
</body>
</html>
```

2. 外部引入方式

JavaScript 代码只能写在 HTML 文件中吗？当然不是，我们可以把 HTML 文件和 JavaScript 代码分开，并单独创建一个 JavaScript 文件（简称 JS 文件），其文件后缀通常为.js，然后直接将 JavaScript 代码写在 JS 文件中，如图 2-2 所示。

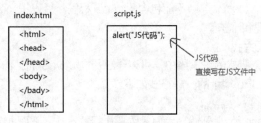

图 2-2　外部 JS 文件

通过<script>标签的 src 属性引入 JavaScript 即可。做到 HTML 与 JavaScript 分开，使代码看起来更加整洁，它还具有维护性高（一次更新，多处调用）、可缓存（仅需加载一次）、便于未来扩展的特点。在网页中调用外部 JS 文件的代码如【例 2-2】所示。

【例 2-2】

```
<script type="text/javascript" src="xxx.js"></script>
```

注：xxx.js 为要引用的外部 JS 文件。

<script>标签有以下两个常用属性。

（1）type 属性：表示代码使用的脚本语言的内容类型。如 type="text/javascript"。

（2）src 属性：用于将外部的 JavaScript 文件内容嵌入到当前文档中，表示指定外部 JavaScript 文件的路径，一般采用相对路径。例如，src="main.js"的意思是指定到当前项目中名为 main 的 JavaScript 文件。【例 2-3】引用 JavaScript 的方式就是通过 src 引入 JavaScript 文件。

【例 2-3】

在文本编辑器中编辑如下代码并将其保存为 script.js 文件：

```
alert("欢迎来到 JavaScript 世界！");
```

编辑如下 html 代码并保存为 index.html 文件：

```
<html>
<head>
<script type="text/javascript" src="script.js"></script>
</head>
<body>
</body>
</html>
```

将 index.html 和 script.js 文件放置于同一目录，双击即可运行 index.html，如图 2-3 所示。

图 2-3　html 中执行外部 js 文件

注意，若使用外部引入方式需注意以下几点。

（1）使用外部引入方式时，<script>标签内就没有其他 JavaScript 代码了。但这时也要保证<script>标签是成对出现的，例如：

```
<script type="text/javascript" src="xxx.js" />;        //这样的单标签是错误的！！！
```

（2）不能在标签内添加任何代码。如：

```
<script type="text/javascript" src="demo1.js">alert('我在这，执行不到啊！')</script>
```

（3）还需注意外部文件（xxx.js）中不能包含<script>标签。最好把 xxx.js 文件都放到通常存放脚本的目录中，这样容易管理和维护。

3. 行内伪 URL 引入方式

在多数支持 JavaScript 脚本的浏览器中，可以通过行内 JavaScript 伪 URL 地址调用语句来引入 JavaScript 脚本代码。伪 URL 地址的一般格式如下：

```
Javascript:要执行的代码…
```

这种格式一般以 "javascript:" 开始，后面紧跟要执行的操作。下面【例 2-4】的代码演示了如何使用伪 URL 地址来引入 JavaScript 代码。

【例 2-4】

```
<p>伪 URL 地址引入 JavaScript 脚本代码实例：</p>
<form name="MyForm">
<input type=text name="MyText" value="鼠标点击" onclick="javascript:alert('鼠标已点击文本框！')">
</form>
```

其显示效果如图 2-4 所示。

图 2-4　伪 URL 引入 JavaScript

2.1.3　常用的输入/输出语句

在 JavaScript 中，有 4 种常用的输入/输出语句：警告对话框 alert()、提示对话框 prompt()、确认对话框 confirm()、输出语句 document.write()。

1．警告对话框 alert()

我们在访问网站的时候，有时会突然弹出一个小窗口，上面写着一段提示信息文字。如果你不单击"确定"按钮，就不能对网页做任何操作，这个小窗口就是使用 alert 实现的。alert()函数对于代码的测试非常方便。alert 的输出内容，参数可以是字符串、变量或表达式，如【例 2-5】所示。

【例 2-5】

```
alert(' Hello! ');
var myAge = 18;                   //var 是定义变量的关键字
alert("我今年满" + myAge + "岁了! ");   //这里的+号是连接符
alert("4+8="+(4+8));
```

注：语句"alert("4+8="+(4+8));"中第 1 个和第 3 个"+"是运算符加号，中间第 2 个"+"是连接符。连接字符串"4+8="与表达式(4+8)。

2．提示对话框 prompt()

通过 prompt()方式可弹出提示对话框，这种对话框可输入信息并带有返回值，常用来提示收集用户反馈信息。其基本语法格式：

```
var returnvalue=prompt("提示信息", "默认信息");
```

默认信息可以为空，用户可以通过输入进行修改。【例 2-6】是一个提示对话框使用的示例。其显示效果如图 2-5 所示。

【例 2-6】

```
<script type="text/javascript">
var fruit=prompt("输入你最喜欢的水果","西瓜");
alert(fruit);                 // prompt()返回括号里的值，值被存储到变量 fruit 中
</script>
```

图 2-5　提示对话框

单击"确定"按钮后，如图 2-6 所示。

图 2-6 单击"确定"按钮后的显示效果

3. 确认对话框 confirm()

confirm()方法用于显示一个带有指定消息和"OK"及"取消"按钮的对话框。如果用户单击"OK"按钮则返回 true，单击"取消"按钮则返回 false。

如【例 2-7】所示的代码将产生一个确认对话框。

【例 2-7】

```
<script type="text/javascript">
    var s=confirm("确定离开? ");
    alert(s);
</script>
```

4. 输出语句 document.write()

document 文档是对象，write 是方法，通过 document.write();可在网页上直接输出相应的内容。与 alert();相似，参数可以是字符串、变量或 HTML 标签，但与 alert()不同的是，alert()仅输出在弹出框，关闭弹出框后，内容也随之关闭，而 document.write()的输出一直都在网页上。

语法格式：document.write("输出内容");

（1）参数可以是常量（比如字符串），例如：

```
document.write("Hello World");
```

（2）参数也可以是变量，例如：

```
var myName = "Jacky";
document("大家好! 我是" + myName );
```

效果如图 2-7 所示。

图 2-7 参数是变量时的输出结果

（3）参数还可以是 HTML 标签，例如：

```
document.write("<h3>个人信息</h3><ul><li>姓名：李小东</li><li>班级：网站开发 1 班</li></ul>");
```

效果如图 2-8 所示，相当于执行了 html 代码的效果。

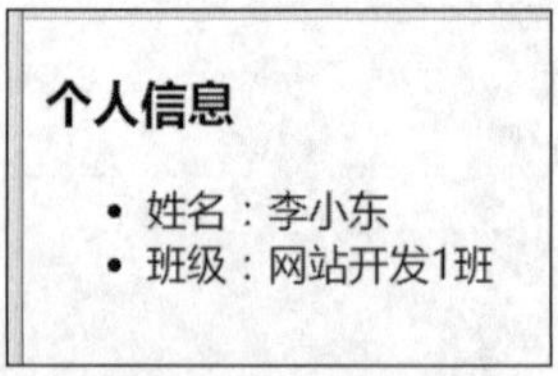

个人信息

- 姓名：李小东
- 班级：网站开发1班

图 2-8 参数是 HTML 标签时的输出结果

使用 JavaScript 时还需要注意以下事项。

（1）JavaScript 中的代码和符号都要在英文状态下输入。

（2）记得在语句末尾写上分号来表示一句语句的结束。虽然分号"；"不写也不会提示语法错误，但我们要养成编程的好习惯。

（3）关于 JavaScript 代码注释，单行注释使用'//'，多行注释使用'/* */'。

2.2　JavaScript 编程基础

2.2.1　变量与数据类型

1. 变量

什么是变量？变量是用来存储某种或某些数值的存储器。我们可以把变量看作一个盒子，盒子用来存放物品，物品可以是衣服、玩具、水果等。为了区分盒子，可以给不同的盒子分别起个名字，可以用 box1、box2 等名称代表盒子，盒子就相当于变量，box1 和 box2 就是盒子的名字（也就是变量的名字），如图 2-9 所示。

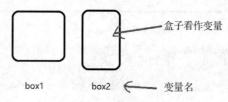

box1　　　　box2 ← 变量名

图 2-9　变量的含义

变量的命名在 JavaScript 中也要遵循以下的一些规则。

（1）变量首字母必须使用字母、下划线（_）或者美元符（$）。

（2）余下字母可以使用任意多个英文字母、数字，或者美元符（$）组合。

（3）不能使用 JavaScript 关键词与 JavaScript 保留关键字命名变量。

（4）在 JavaScript 中变量的命名区分大小写，如变量 box1 与 Box1 是不一样的，表示的是两个不同的变量。

在 JavaScript 中，变量通过使用 var 关键字来声明，其基本语法格式如下：

```
var 变量名；
```

虽然在 JavaScript 中，变量也可以不声明直接使用，但这是不规范的。建议遵循变量先声明后赋值使用的要求，如【例 2-8】所示。

【例 2-8】

```
<script>
var box1,box2;              //声明变量
box1="我是一个盒子啊！";      //给 box1 赋值
document.write(box1);       //在页面输出
document.write(box2);
</script>
```

如果定义了一个变量但没有给变量赋值，系统会给它返回一个特殊的值 undefined 来表示未定义的变量。

多个变量的声明、赋值可以放在一行，也可以放在多行，但记得每个语句都要以分号结束。可以使用一条语句定义多个变量，只要把每个变量用逗号分隔开即可，例如：

```
var name= '小明' , age = 28 , height;
name= '小明'; age= 18;
```

JavaScript 是一种弱类型控制的语言，在 JavaScript 中一个变量可以根据需要存放不同类型的值，

进行自动的类型转换，而不需要另外的强制类型转换。这在编程中可以带来便利，但有时也可能造成一些错误。可以借助 typeof 运算符检测变量当前的数据类型。

typeof 是 JavaScript 中用来检测变量的数据类型的，它有 6 种返回的数据类型，如表 2-1 所示。【例 2-9】是使用 typeof 检测变量的数据类型的示例。

表 2-1　typeof 操作符会返回字符串

字符串	描述
string	字符串
number	数值
boolean	布尔值
undefined	未定义
object	对象或 null
function	函数

【例 2-9】

```
var myName = '小东 ',myAge=18;        //定义变量
alert(typeof myName );                // 变量为字符串类型
alert(typeof myAge);                  // 变量为数值类型
```

2．数据类型

JavaScript 有 5 种基本数据类型：string（字符串类型）、number（数值类型）、boolean（布尔类型）、underfined（未定义类型）、null（空类型），还有 1 种复杂数据类型 object（对象类型）。

（1）string（字符串类型）。字符串是一组由单引号或双引号括起来的文本，还包含了一些特殊字符，或者叫转义字符。常用的转义字符如表 2-2 所示。

表 2-2　String 的一些特殊字符

字符	含义
\n	换行
\r	回车
\t	制表
\'	单引号
\"	双引号
\\	反双斜杠
\b	空格

（2）number（数值类型）。number 类型包含整型和浮点型两种。其中整型有十进制、八进制（首数字必须是 0，其后数字为 0～7）、十六进制（前两位必须是 0x，后面是 0～9 和 A～F）等不同的形式。而浮点数可以是小数的形式或科学计数法的形式。【例 2-10】是数值类型赋值的一些示例。

【例 2-10】

```
var iNum=100;              //十进制整数
var iNum = 070;            //八进制，56
var iNum = 0xA;            //十六进制，10
var iNum = 0x1f;           //十六进制，31
var iNum = 2.6;            //浮点小数
```

```
var iNum = 5.12e9;                //即 5 120 000 000
var iNum = 0.00000000512;         //即 5.12e-9
var iNum = 100e1000;              //超出范围, 实际是 Infinity
var iNum = -100e1000;             //超出范围, 实际是-Infinity
```

【例 2-10】注释中的 Infinity 和-Infinity 是两个特殊的数值。在 JavaScript 中, 当数字大于 JavaScript 所能表示的最大值时, 就会将其输出为 Infinity, 同理, 当数字小于 JavaScript 所能表示的最小值时, 就会将其输出为-Infinity。

非数值类型的变量可以强制转换为数值类型, 使用的方法如表 2-3 所示。如果转换成功, 表 2-3 的方法都能返回一个数值, 否则将返回 NaN。NaN 指的是 Not a Number, 即 "不是数字", NaN 不能与任何数值进行运算。如果要判断转换结果是否为 NaN, 可以使用 isNaN()函数, 如果是 NaN 则返回 true。

表 2-3　数值转换函数

函数名	描述
Number(string)	把字符串 string 整体转换为数值。转换成功则返回转换后的数值, 否则返回 NaN
parseInt(string)	把字符串 string 转换为一个整数。转换成功则返回转换后的数值, 否则返回 NaN。这个函数将自左向右读取 string 所包含的字符, 遇到非数字字符则停止并把已读取到的字符转换为整数
parseFloat(string)	把字符串 string 转换为一个浮点数。转换成功则返回转换后的数值, 否则返回 NaN。这个函数将自左向右读取 string 所包含的字符, 遇到非数字字符则停止并把已读取到的字符转换为浮点数

（3）boolean（布尔类型）。boolean 类型有两个值: true 和 false。

（4）underfined（未定义类型）。如果使用 var 声明变量, 但没有对其初始化时, 这个变量的值就是 undefined。

（5）null（空类型）。null 也是一个特殊的类型, 它表示一个空对象（尚未存在的对象）。

（6）object（对象类型）。对于所有引用类型的值, 如对象 Object、数组 Array、日期 Date、null、window 对象、document 对象等, 使用 typeof 返回其类型的值都是 object。

2.2.2　运算符

常见的运算符有: 一元运算符、算术运算符、关系运算符、逻辑运算符、赋值运算符及三元运算符。

1．一元运算符

一元操作符有递增++和递减--。这两种运算符可以前置也可以后置。没有赋值操作时, 前置和后置是一样的。但在赋值时, 如果递增或递减运算符前置, 那么前置的运算符会先累加或累减再赋值; 如果是后置运算符则先赋值再累加或累减, 如【例 2-11】所示。

【例 2-11】

```
var box = 18;
var age = ++box;              //age 值为 19, 先累加再赋值
var height = box++;           //height 值为 18, 先赋值
document.write("box 的值为"+box+", age 的值为"+age+", height 的值为"+height);
//box 最终的值为 20, age 和 height 的值都是 19
```

由于 JavaScript 允许隐式类型转换, 其他类型的变量在应用一元运算符时将自动转换为数值类型, 如果转换失败则返回 NaN。如【例 2-12】, 其输出如图 2-10 所示。

【例 2-12】

```
var box = '39'; box++;       //40, 数值字符串自动（隐式）转换成数值
```

```
document.write("<p>box 的值为"+box+"</p>");
var box = 'abcd'; box++;              //NaN，非数值字符串转成 NaN
document.write("<p>box 的值为"+box+"</p>");
var box = false; box++;              //1，false（隐式）转成数值是 0，累加就是 1
document.write("<p>box 的值为"+box+"</p>");
```

box的值为40

box的值为NaN

box的值为1

图 2-10　运算结果输出示例

2. 算术运算符

JavaScript 定义了 5 种算术运算符——加、减、乘、除、求模（取余）。如果算术运算的值不是数值，那么将进行隐式类型转换将其转换为数值再进行运算。

需要注意的是，加运算+除了可以进行算术加法的运算，如果操作数包含了字符串类型，则将执行字符串连接。所以在进行算术加运算时，要保证操作数必须都是数值，必要时要使用强制类型转换。【例 2-13】给出了一个例子。试运行该程序，看看结果是否正确。

【例 2-13】

```
<script type="text/javascript">
var sub1=prompt("请输入第 1 个加数：");
var sub2=prompt("请输入第 2 个加数：");
var sum=sub1+sub2;       //如果要保证加法运算的结果，这句要修改为：
                         //var sum=Number(sub1)+Number(sub2);
document.writeln(sub1+"+"+sub2+"="+sum);
</script>
```

如果在弹出的输入框依次输入"3"和"4"，其结果如图 2-11 所示。显然，这是不正确的。这是由于运算符+既表示算术加法，也可以表示字符串连接，所以在进行算术加法运算时必须注意操作数的类型。可以使用 typeof()查看使用 prompt()对话框输入的数据类型，可以看到 prompt()的输入默认返回的是字符串类型的变量，所以如果不做强制类型转换，则得到的是字符串"3"和"4"连接的结果，即字符串"34"。因此如果要保证算术加运算的结果，要通过 Number()对操作数进行强制的类型转换。

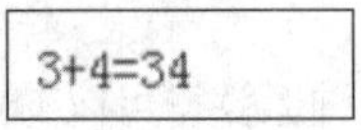

3+4=34

图 2-11　错误的加法运算结果

3. 关系运算符

用于进行比较的运算符称作为关系运算符，包括：小于（<）、大于（>）、小于等于（<=）、大于等于（>=）、相等（==）、不等（!=）、全等（恒等）（===）、全不等（不恒等）（!==）。

关系运算符比较时遵循以下规则。

（1）两个操作数都是数值，则数值比较。

（2）两个操作数都是字符串，则比较两个字符串对应的字符编码值。

（3）两个操作数有一个是数值，则将另一个转换为数值，再进行数值比较。

（4）一个操作数是布尔值，则比较之前将其转换为数值，false 转成 0，true 转成 1。

（5）一个操作数是字符串，则比较之前将其转成为数值再比较，如'2'转为 2。

（6）一个操作数是 NaN，则==返回 false，!=返回 true；并且 NaN 和自身不等。

（7）在全等和全不等的判断上，值和类型都相等才返回 true，否则返回 false。

【例 2-14】是一些关系运算符比较的实例。

【例 2-14】

```
var box = 2 == 2;              //true
var box = '2' == 2;           //true，虽然类型不同，但'2'会转成数值2，相等
var box = false == 0;         //true，虽然类型不同，false 转成数值为 0，相等
var box = '2' === 2           //false，值和类型都必须相等，这里类型不相等
```

4．逻辑运算符

逻辑运算符与（&&）、或（‖）、非（！），与数学上的意义是一致的。

5．赋值运算符

赋值运算符用等于号（=）表示，就是把右边的值赋给左边的变量。

6．三元条件运算符

三元条件运算符其实就是后面将要学到的 if 语句的简写形式。其基本语法如下：

```
条件表达式 ？表达式 1 ：表达式 2
```

当条件表达式为 true 时，执行表达式 1；条件表达式为 false 时，则执行表达式 2。【例 2-15】是这种三元条件运算符的一个例子。

【例 2-15】

```
var box =6 > 4 ? '对' : '错';   //对, 6>4 返回 true 则把'对'赋值给 box
```

这个表达式相当于以下 if 语句：

```
var box = '';                //初始化变量
if (6 > 4) {                 //判断表达式返回值 true 还是 false
    box = '对';              //赋值
} else {
    box = '错';              //赋值
}
```

2.2.3 程序的流程控制语句

流程控制语句主要包括判断、循环、退出等。常用的流程控制语句有：if 语句、switch 语句、do…while 语句、while 语句、for 语句、for…in 语句、break 和 continue 语句、with 语句。

1．if 语句

if 语句的基本语法如下：

```
if(条件表达式){
    //条件成立时执行的代码
}else{
    //条件不成立时执行的代码
}
```

多重分支的 if 语句基本语法如下：

```
if(条件表达式1){
    //条件1成立时执行的代码
}else if(条件表达式2){
    //条件2成立时执行的代码
}
......
}else if(条件表达式n){
    //条件n成立时执行的代码
```

```
    }else{
            //以上条件都不成立时执行的代码
    }
```

【例2-16】

```
<script type="text/javascript">
    var score = prompt('请输入你的成绩','');
    if(score>=80 && score<=100){
        document.write ('优秀');              //成绩在80~100，则执行第1条语句
    }else if(score>=60 && score<80){
        document.write ('及格');              //成绩在60~80，则执行这第2条语句
    }else if(score>=0 && score<60){
        document.write ('不及格');            //成绩在0~60，则执行这第3条语句
    }else{
    document.write('输入错误，不是0~100的数字'); }  //如果以上的条件都不成立，也就是说输入的不是
                                                   0~100的数字，则执行这条语句
        </script>
```

运行【例2-16】的脚本，当输入78后，单击"确定"后的效果如图2-12所示。

及格

图2-12　单击"确定"后的效果

2．switch…case 语句

和 if 多重分支语句相似，switch…case 语句也是用于多重条件判断，不同的是 if 语句大于、等于、小于都可以，而 switch…case 主要用于多个值相等的比较。switch…case 语句常配合 break 语句一起使用，用于防止语句的穿透，即只执行其中满足一个 case 的语句，而不会从上往下全部执行。其基本语法如下：

```
var 变量=值;
switch(变量){            //switch()括号里是要比较的变量
    case 值1：            //case 表示判断条件
        js 语句1          //值1和要比较的变量相等时执行的代码
        break;           //break;为中途退出，用于防止语句的穿透
    case 值2：
        js 语句2          //值2和要比较的变量相等时执行的代码
        break;
        …
    case 值n：
        js 语句n          //值n和要比较的变量相等时执行的代码
        break;
    default :            //相当于if语句里的else，否则的意思
                         //表示要比较的变量不等于任何一个值时，所执行的代码
}
```

3．while 语句

while 语句是一种先判断，后运行的循环语句。若满足了条件，就可运行循环体。其基本语法如下：

```
while(条件表达式){
    …… //循环体部分。条件成立时执行的代码
}
```

4. do…while 语句

do…while 语句是一种先运行，后判断的循环语句，不管条件是否满足，都至少先运行一次循环体。其基本语法如下：

```
    do{
……  //循环体部分。不管条件是否成立，都先执行一次代码
    }while(条件表达式); //若满足条件，将会继续执行代码循环语句，直到条件不满足
```

5. for 语句

for 循环语句也是一种先判断后运行的语句。先执行初始化语句，接着判断循环条件是否满足，若满足则执行循环体。其基本语法如下：

```
for(初始化；循环条件；累增或累减){
……    //循环体语句。在满足的条件内会循环执行的语句
}
```

6. for…in 语句

for…in 语句是 JavaScript 中用于读取对象所有属性的语句，也可以用于读取数组当前所有的值。其基本语法如下：

```
for(变量 in 对象){
        //将每个对象的属性依次赋给变量
}
```

【例 2-17】和【例 2-18】是使用 for…in 语句分别读取对象属性名及数组元素的示例。其运行效果分别如图 2-13 和图 2-14 所示。

【例 2-17】

```
//获取对象的属性名
    var box = {                    //创建一个对象，这个对象有 3 个属性名：name, age, height
    'name' : '李小东',             //键值对，冒号左边是属性名，右边是值
    'age' : 22,
    'height' : 176
    };
    for (var abc in box) {         //abc 为自定义变量名，用来储存对象 box 的所有属性
        document.write(abc+'<br>'); //输出对象的所有属性
}
```

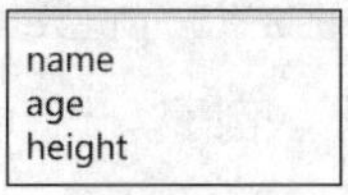

```
name
age
height
```

图 2-13 for…in 语句输出对象所有属性名

【例 2-18】

```
//数组元素的获取
    var box = ["李小东","张梓轩","陈晓敏"]     //定义一个数组
    for (var abc in box) {                    //abc 为自定义变量名，用来储存数组 box 的下标
    document.write(box[abc]+'<br>');          //输出数组的所有参数
    }
```

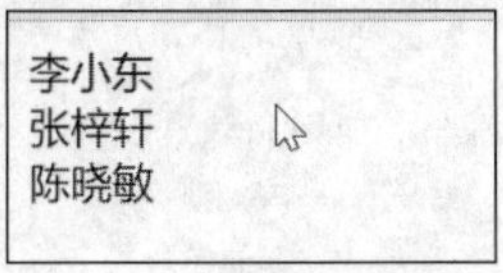

```
李小东
张梓轩
陈晓敏
```

图 2-14 for…in 语句输出数组

7. break 和 continue 语句

break 和 continue 语句用于循环体的内部，用来中断循环，控制代码的执行。break 语句用于立即退出整个循环，而 continue 语句用于退出当前循环，继续后面的循环。

2.2.4 函数的使用

函数定义的语法如下：

```
function 函数名(形参1,形参2,…,形参n)
{
        //函数代码;
}
函数名();
```

函数使用 function 关键字来声明，后跟一组参数以及函数体。函数声明包括函数名、参数列表等。函数可以封装任意多条语句，而且可以在任何地方、任何时候调用执行。函数可以通过 return 语句得到返回值，但并不需要在函数声明时指定是否有返回值及返回值类型。

2.2.5 常用 JavaScript 内置对象

JavaScript 中内置了很多类型的对象，常用的有 Array 对象、Date 对象、Math 对象、String 对象等。每个对象都包含其属性和方法。下面我们将简要介绍内置对象的常用属性和方法。

1. Array 对象

如果要同时储存多个数据，可以使用数组变量，一个数组变量可以存储多个数据。数组是 JavaScript 编程中一个常用、灵活、重要的元素。下面我们来简要了解一下数组的使用。

使用数组之前，首先要创建数组，并把数组本身赋给一个变量。

数组可以使用 Array()语句创建，创建 Array()数组有两种方式，一种是 new 运算符，另一种是字面量，如图 2-15 所示。

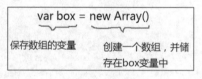

图 2-15 创建数组

【例 2-19】给出了数组创建和使用的一些例子。代码中相关语句的说明见代码注释。

【例 2-19】

```
//使用 new 关键字创建数组
    var box = new Array();                  //创建了一个空数组
    var box = new Array(5);                 //一个数字参数，用来表示数组长度
//在 JavaScript 中可以将不同的数据类型放在同一个数组中：
    var box1 = new Array('李小东 ',22,'学生','广州'); //创建包含元素的数组，元素用逗号隔开
//new 关键字也可以省略。可写成：
    var box2 =Array();                      //省略了 new 关键字
//还可以使用字面量方式创建数组：
    var box3 = [];                          //创建一个空的数组
    var box4 = ['李小东 ',22,'学生','广州'];            //创建包含元素的数组，元素用逗号隔开
//为数组赋值：
    box[0] = "李小东";                      //存储第1个元素
    box[1] = 22;                            //存储第2个元素
```

```
        box[2] = "学生";                //存储第 3 个元素
        document.write(box);            //输出数组元素: 李小东,22,学生
        //还可以写成: var box = ['李小东 ',22,'学生','广州'];
    //数组的每个值都有个索引号 (下标), 从 0 开始, 第 1 个元素下标为 0, 第 2 个下标为 1, 以此类推。
    //使用索引下标来读取数组的值
        document.write(box[0]);         //下标 0, 获取到数组第 1 个元素: 李小东
        document.write(box[1]);         //下标 1, 获取到第 2 个元素: 22
        document.write(box[2]);         //下标 2, 获取到第 3 个元素: 学生
        document.write(box[3]);         //下标 3, 获取到第 4 个元素: 广州
    //使用 length 属性可以获取数组元素的个数 (长度), 该属性在数组中用得最多
        alert(box.length);             //返回 4, box.length 获取 box 数组元素个数 (长度)
    //因为数组的索引 (下标) 总是由 0 开始, 所以一个数组的索引上下限分别是 0 和 length-1。//如数组的长度是 6 (即
有 6 个元素), 数组的索引上下限分别是 0 和 5。
    //可以通过索引给数组添加新元素
        box[4] = '理工';
        document.write(box);            //输出: 李小东,22,学生,广州,理工
    //默认下输出数组每个元素是以逗号分隔, 也可以使用连接符 join() 方法连接数组元素
        document.write(box.join("|"));    //输出: 李小东 |22|学生|广州|理工
    //push() 方法可以向数组末尾添加任意数量元素, 并返回数组长度
        alert(box.push('计算机','009'));   //数组末尾添加 2 个元素
        document.write(box);            //查看数组, 输出
    //pop() 方法, 则可以从数组末尾移除最后一个元素, 返回的是移除的那个元素
        alert(box.pop());              //移除数组最后一个元素, 返回的是移除的元素
        document.write(box);            //查看数组, 输出
    //shift() 方法, 从数组前面移除第一个元素, 返回的是移除的那个元素
        alert(box.shift());            //移除数组前面第一个元素, 返回的是移除的元素: 李小东
        document.write(box);            //查看数组, 输出
    //unshift() 方法则与 shift() 方法相反, 为数组的前面添加任意数量元素
        alert(box.unshift('李小东'));     //数组前面添加 1 个元素, 返回 4, 返回的是数组的长度
        document.write(box);            //查看数组, 输出: 计算机系,李小东,22,学生
    //由于兼容问题, IE 浏览器对 unshift() 方法返回的是 undefined, 其他浏览器则返回数组的新长度。
    //reverse() 方法可以不把数组元素逆向排序
        document.write(box.reverse());   //逆向排序, 返回排序后的数组
```

Array 对象的方法说明如表 2-4 所示。

表 2-4　Array 对象的常用方法

方法	描述
concat()	连接两个或更多的数组, 并返回结果
join()	把数组的所有元素放入一个字符串。元素通过指定的分隔符进行分隔
pop()	删除并返回数组的最后一个元素
push()	向数组的末尾添加一个或更多元素, 并返回新的长度
reverse()	颠倒数组中元素的顺序
shift()	删除并返回数组的第一个元素
slice()	从某个已有的数组返回选定的元素
sort()	对数组的元素进行排序
splice()	删除元素, 并向数组添加新元素

方法	描述
toSource()	返回该对象的源代码
toString()	把数组转换为字符串，并返回结果
toLocaleString()	把数组转换为本地数组，并返回结果
unshift()	向数组的开头添加一个或更多元素，并返回新的长度
valueOf()	返回数组对象的原始值

2. Date 日期对象

Date 类型处理时间和日期。Date 类型还内置了一系列获取和设置日期时间信息的方法。

在使用日期对象之前，首先要创建 Date 对象，默认以当前日期及时间创建 Date 对象，也可以以指定日期及时间创建，如【例2-20】所示。

【例2-20】

```
//创建一个日期对象，默认情况下新建的对象自动获取当前系统的时间和日期
var nowdate=new Date();
document.writeln(nowdate);              //显示当前时间
var mydate=new Date(2019,01,01);        //以指定日期和时间创建 Date 对象
document.writeln(mydate);
```

Date 对象里面包含着详细的日期信息，包括年份、月份、星期、时分秒等。如果我们要单独获取或设置年月日、星期、时、分、秒，可以使用表2-5列出的一些方法。注意一些属性在获取和设置时的范围限制，例如月份的范围为0~11，因此在获取及设置月份信息时要注意把当前的值加1才是我们习惯的表示。

表2-5　Date 对象常用方法

方法	描述
Date()	返回当日的日期和时间
getDate()	从 Date 对象返回一个月中的某一天（1~31）
getDay()	从 Date 对象返回一周中的某一天（0~6）
getMonth()	从 Date 对象返回月份（0~11）
getFullYear()	从 Date 对象以4位数字返回年份
getHours()	返回 Date 对象的小时（0~23）
getMinutes()	返回 Date 对象的分钟（0~59）
getSeconds()	返回 Date 对象的秒数（0~59）
getMilliseconds()	返回 Date 对象的毫秒（0~999）
getTime()	返回1970年1月1日至今的毫秒数
getTimezoneOffset()	返回本地时间与格林尼治标准时间（GMT）的分钟差
parse()	返回1970年1月1日午夜到指定日期（字符串）的毫秒数
setDate()	设置 Date 对象中月的某一天（1~31）
setMonth()	设置 Date 对象中的月份（0~11）
setFullYear()	设置 Date 对象中的年份（4位数字）
setHours()	设置 Date 对象中的小时（0~23）
setMinutes()	设置 Date 对象中的分钟（0~59）

续表

方法	描述
setSeconds()	设置 Date 对象中的秒钟（0~59）
setMilliseconds()	设置 Date 对象中的毫秒（0~999）
setTime()	以毫秒设置 Date 对象
toString()	把 Date 对象转换为字符串
toTimeString()	把 Date 对象的时间部分转换为字符串
toDateString()	把 Date 对象的日期部分转换为字符串
toLocaleString()	根据本地时间格式，把 Date 对象转换为字符串
toLocaleTimeString()	根据本地时间格式，把 Date 对象的时间部分转换为字符串
toLocaleDateString()	根据本地时间格式，把 Date 对象的日期部分转换为字符串
UTC()	根据世界时返回 1970 年 1 月 1 日到指定日期的毫秒数
valueOf()	返回 Date 对象的原始值

【例 2-21】是日期对象使用的示例。

【例 2-21】

```
var box = new Date();
var iYear = box.getFullYear();        //getFullYear()，获取 4 位数年份，如 2018
var iMonth = box.getMonth()+1;        //getMonth()，获取月份，没指定月份则从 0 开始算起，0~11 月。
                                        所以要加 1 才是正确的月份显示
var iDate = box.getDate();            //getDate()，获取日期
var iWeek = box.getDay();             //getDay()，返回星期数（0~6），0 表示星期日，6 表示星期六
var iHours = box.getHours();          //getHours()，返回时数（0~23）
var iMin = box.getMinutes();          //getMinutes()，返回分钟（0~59）
var iSec = box.getSeconds();          //getSeconds()，返回秒数（0~59）
var iMil = box.getMilliseconds();     //返回毫秒数
var itimer = box.toLocaleString();    // toLocaleString()，返回日期的字符串表示

//下面将 getDay() 星期的方法输出格式 0~6，改为星期日~星期六：
if(iWeek==0) iWeek = "星期日";
if(iWeek==1) iWeek = "星期一";
if(iWeek==2) iWeek = "星期二";
if(iWeek==3) iWeek = "星期三";
if(iWeek==4) iWeek = "星期四";
if(iWeek==5) iWeek = "星期五";
if(iWeek==6) iWeek = "星期六";
//alert(iWeek);
//在页面打印出我们想要的时间格式：
document.write(iYear+'年'+iMonth+'月'+iDate+'日'+iWeek+iHours+': '+iMin+': '+iSec);
```

在页面上显示时间时，往往需要定时刷新，这时就要使用定时器。定时器函数有两个，即一次性定时器 setTimeout() 和重复定时器 setInterval()。

setInterval() 会按照指定的时间（毫秒），每隔一段时间重复执行该函数，直到窗口被关闭，或者通过 clearInterval（对象）来清除定时器。其使用的方法是：

```
setInterval(重复调用的函数名或执行的代码, 相隔毫秒数)
```

【例 2-22】是使用定时器的一个例子。其显示效果如图 2-16 所示。

【例 2-22】

```
function fn(){
    var myDate = new Date();
    var iHours = myDate.getHours();              //获取：时
    var iMin = myDate.getMinutes();              //分
    var iSec = myDate.getSeconds();              //秒
    document.body.innerHTML = iHours+': '+iMin+': '+iSec;      //输出
}
    setInterval(fn,1000);                        //每隔1秒（1000毫秒）执行一次 fn 函数
```

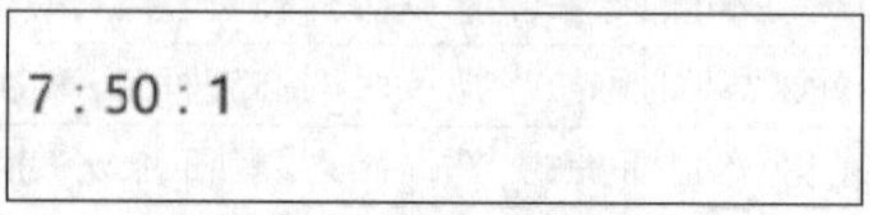

```
7 : 50 : 1
```

图 2-16　动态时间显示示例

注意到当时分秒为个数时，默认输出格式是：0，1，2，3，4……，但我们往往在网页上看到的格式是：00，01，02，03，04……。这可以在上面代码插入一个判断。修改【例 2-20】中的函数 fn 如【例 2-23】所示，即可得到如图 2-17 所示的显示效果。

【例 2-23】

```
function fn(){
    var myDate = new Date();
    var iHours = myDate.getHours();
    var iMin = myDate.getMinutes();
    var iSec = myDate.getSeconds();
    function two(n){
        return n<10 ? '0'+n:''+n;
    }
    document.body.innerHTML = two(iHours)+': '+two(iMin)+': '+two(iSec);
}
    setInterval(fn,1000);
```

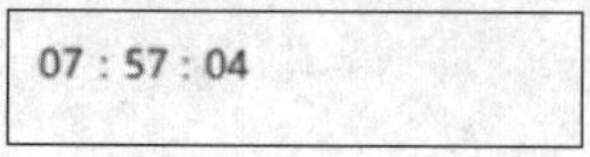

```
07 : 57 : 04
```

图 2-17　动态时钟效果

使用 setInterval()设置的定时器可以通过 clearInterval()清除。

而 setTimeout()表示在到达指定的时间（毫秒）后才执行函数，与 setInterval()的区别在于 setInterval()是重复执行的，而 setTimeout()只执行一次。其基本语法为：

```
setTimeout(隔一段时间后要执行的函数,等待的毫秒数)
```

【例 2-24】是 setTimeout()使用的一个示例，先把一个 div 盒子隐藏，然后通过 setTimeout()，在 2 秒后自动显示出来，然后停留 3 秒再隐藏。

【例 2-24】

```
<style type="text/css">
#box{ width:100px; height:100px; background:red; display:none;}
</style>
</head>
<body>
<div id="box"></div>
```

```
<script>
var oBox = document.getElementById('box');
setTimeout(function(){
    oBox.style.display = 'inline-block';

    setTimeout(function(){
      oBox.style.display = 'none';
    },3000)        //3 秒后隐藏 oBox

},2000)            //2 秒后显示 oBox
</script></body>
</html>
```

前面的【例 2-23】也可以使用 setTimeout() 来实现，如【例 2-25】所示。

【例 2-25】

```
function fn(){
    var myDate = new Date();
    var iHours = myDate.getHours();
    var iMin = myDate.getMinutes();
    var iSec = myDate.getSeconds();
    function two(n){
      return n<10 ? '0'+n:''+n;
    }
    document.body.innerHTML = two(iHours)+': '+two(iMin)+': '+two(iSec);
    setTimeout(fn,1000);
}
    fn();
```

3. Math 对象

Math 对象用于提供对数据的数学计算。Math 对象的属性如表 2-6 所示。注意这些属性使用时必须都大写。

表 2-6　Math 对象的属性

属性	说明
Math.E	自然对数的底数，即常量 e 的值
Math.LN10	10 的自然对数
Math.LN2	2 的自然对数
Math.LOG2E	以 2 为底 e 的对数
Math.LOG10E	以 10 为底 e 的对数
Math.PI	π 的值
Math.SQRT1_2	1/2 的平方根
Math.SQRT2	2 的平方根

Math 对象的方法也多用于数学计算。表 2-7 列出了 Math 对象常用的方法。

表 2-7　Math 对象常用方法

方法	描述
abs(x)	返回数的绝对值
ceil(x)	对数进行上舍入

续表

方法	描述
cos(x)	返回数的余弦
exp(x)	返回 e 的指数
floor(x)	对数进行下舍入
log(x)	返回数的自然对数（底为 e）
max(x,y)	返回 x 和 y 中的最大值
min(x,y)	返回 x 和 y 中的最小值
pow(x,y)	返回 x 的 y 次幂
random()	返回 0～1 之间的随机数
round(x)	把数四舍五入为最接近的整数
sin(x)	返回数的正弦
sqrt(x)	返回数的平方根
tan(x)	返回角的正切

【例 2-26】是 Math 对象的一些使用实例。注释部分是一些代码的具体说明。

【例 2-26】

```
alert(Math.PI);              //输入圆周率的值: 3.141 592 653 589 793
//Math.min()用于确定一组数值中的最小值, Math.max()用于确定一组数值中的最大值。
document.write(Math.min(5,2,8,6,9,3));          //2, 最小值为 2
document.write(Math.max(5,2,8,6,9,3));          //9, 最大值为 9

//Math.ceil()方法, 向上取整
document.write(Math.ceil(15.2));                //16
document.write(Math.ceil(15.5));                //16
document.write(Math.ceil(15.8));                //16

//Math.floor()方法, 向下取整
document.write(Math.floor(15.2));               //15
document.write(Math.floor(15.5));               //15
document.write(Math.floor(15.8));               //15

//Math.round()方法, 四舍五入取整
document.write(Math.round(15.2));               //15
document.write(Math.round(15.5));               //16
document.write(Math.round(15.8));               //16

//Math.random()方法返回介于 0 到 1 之间一个随机数, 不包括 0 和 1。
document.write(Math.random()); //每次刷新都会得到一个 0～1 之间, 但不包括 0 和 1 的随机数
//可以通过下面的公式得到一个范围内的随机数
//Math.floor(Math.random() * 总数 + 第一个值)
//注: 假定随机数范围为 a～b, 则总数=b-a+1
//得到一个 1～10 的随机数:
document.write(Math.floor(Math.random()*10 + 1));    //随机产生 1～10 之间的任意数
//得到一个 5～10 的随机数:
document.write(Math.floor(Math.random()*6+ 5));      //总数=10-5+1
```

4．String 对象

String 就是字符串对象，只要定义了字符串就可以使用。字符串的定义只需通过单引号或双引号直接赋值即可。定义了字符串后，我们就可以调用它的属性和方法。String 对象常用的属性和方法如表 2-8 所示。

表 2-8　String 对象的常用属性和方法

属性/方法	说明
Length	返回字符串的长度
charAt（索引）	返回索引位置的字符
toUpperCase()	将字符串小写字母转换为大写
toLowerCase()	将字符串大写字母转换为小写
indexOf（"字符串",索引）	返回某个指定的字符串值在字符串中的索引位置
lastIndexOf（"字符串",索引）	返回某个指定的字符串值在字符串中的索引位置（反向搜索）
split()	字符串分割
substring（开始索引,结束索引）	提取字符串中介于两个指定下标之间的字符
substr（开始索引,需提取长度）	从字符串中提取从开始索引位置开始的指定数目的字符串

【例 2-27】是关于 String 对象属性和方法使用的一些示例。注释给出了部分代码的说明。

【例 2-27】

```
//length 属性用于返回字符串的长度
    var box = "理工学院";
    alert(box.length);                    //返回 4
//charAt()，返回索引位置的字符，返回的字符是长度为 1 的字符串
    alert(box.charAt());                   //理。如果不写索引值，默认为 0，也就是第一个字符串
    alert(box.charAt(2));                  //学
//字符串中第一个字符的下标为 0。最后一个为字符串长度减 1（box.length-1）

//toUpperCase()，将字符串小写字母转换为大写
    box="Hello world!";
    alert(box.toUpperCase());             //返回：HELLO WORLD!
//toLowerCase()，将字符串大写字母转换为小写
    alert(box.toLowerCase());             //返回：hello world!
//indexOf()方法，返回某个指定的字符串值在字符串中的索引位置
    //语法：indexOf("字符串",索引)
//索引为可选参数，表示从第几位开始查找字符串，如果没有写此参数，则将从字符串开始位置查找
    box="I love JavaScript!"
    document.write(box.indexOf("I"));      //0
    document.write(box.indexOf("v"));      //4，空格也属于一个字符
    document.write(box.indexOf("v",8));    //9，表示从索引值为 8 的位置开始查找

//lastIndexOf()方法，返回某个指定的字符串值在字符串中的索引位置（反向搜索）
    document.write(box.lastIndexOf("I"));   //0
    document.write(box.lastIndexOf("v"));   //9，从右向左找到第一个 v
    document.write(box.lastIndexOf("v",8)); //4，从索引值为 8 的位置开始从右向左查找

//split()方法，将字符串分割为字符串数组，并返回此数组
```

```
//语法: split("字符串参数",分割次数)
box = "www.baidu.com";
document.write(box.split("."));         //www,baidu,com
document.write(box.split(".", 2));       //www,baidu, 2 表示分割两次
document.write(box.split(""));          //w,w,w,.,b,a,i,d,u,.,c,o,m, 将每个字符分割成数组
document.write(box.split("", 5));       //w,w,w,.,b

//substring(), 提取字符串中介于两个指定下标之间的字符
    //语法: substring(开始索引,结束索引)
    //开始索引: 必需, 一个非负整数, 表示开始的索引位置
    //结束索引: 可选参数, 一个非负整数, 表示结束的索引位置, 如果省略此参数, 则返回的字符串从开始的索引位
              置一直到字符串的结尾
    box="如果你做的事情毫不费力, 那你就是在浪费时间";
    document.write(box.substring(7));     //毫不费力, 那你就是在浪费时间
    document.write(box.substring(2,7));  //你做的事情, 索引从 2-6

//substr()方法, 从字符串中提取从开始索引位置开始的指定数目的字符串
    //语法: substr(开始索引,需提取长度)
    //开始索引: 必需, 要提取的字符串的开始位置 (索引位置)
    //需提取长度: 可选参数, 提取字符串的长度, 如果省略此参数, 则返回的字符串从开始的索引位置一直到字符串
               的结尾
    document.write(box.substr(7));         //毫不费力, 那你就是在浪费时间
    document.write(box.substr(2,7));      //你做的事情毫不, 索引从 2~8, 长度为 7
//如果开始索引参数是负数, 则是从字符串的尾部开始算起的位置。也就是说, -1 指字符串中最后一个字符, -2 指倒
  数第二个字符, 以此类推。
```

2.3　JavaScript 事件处理

JavaScript 事件一般用于浏览器和用户操作的交互。也就是当用户访问一个 Web 页面时, 用户或浏览器自身执行的某种动作, 例如: 点击页面上某个对象, 就将触发点击事件。

2.3.1　事件与事件处理程序

响应某个事件的函数就叫作事件处理程序（也叫事件处理函数、事件句柄）。事件处理程序都由两个部分组成——"on+事件名称", 因此 click（单击）事件的事件处理程序就是 onclick, load（网页导入）事件的事件处理程序就是 onload。

事件处理程序的方式有内联模型和脚本模型两种。

1．HTML 事件处理程序（内联模型）

这种方式包括以下处理方式。

（1）直接在 HTML 中执行 JS 代码, 如【例 2-28】所示。

【例 2-28】

```
<input type="button" value="点击我吧" onclick="alert('这就是一个点击事件哦~')"/>
//注意单双引号。onclick 是点击事件, 按钮就是事件对象
```

通过 event 变量可以直接访问事件的对象。如【例 2-29】所示。

【例 2-29】

```
<input type="button" value="点击我吧" onclick="alert(event.type)" />        //click
<input type="button" value="鼠标经过我这" onmouseover="alert(event.type)" /> //mouseover
```

在 HTML 代码的函数内部，this 值指的是事件对象，通过 this 可以在事件处理程序中访问元素的任何属性和方法，如【例 2-30】所示。

【例 2-30】

```
<input type="button" value="点击我" onclick="alert(this.value)" />
```

//this 等于事件对象，这里的点击事件的对象就是这个按钮，this.value：按钮里面的 value 值。实际上可以在事件处理程序中通过 this 访问元素的任何属性和方法。

（2）在 HTML 中通过调用执行 JavaScript 函数，如【例 2-31】所示。

【例 2-31】

```
<body>
<input type="button" value="按钮" onclick="box();" />          //执行 JS 函数
</body>
</html>
<script>
    function box(){
      alert('我也可以这样实现哦～');
      }
</script>
```

在 JavaScript 代码中，可以使用 null 删除事件处理程序。例如：

```
Btn.onclick = null;          //删除事件处理程序，再单击按钮将不会有任何动作发生
```

也可以使用 addEventListener() 方法，向指定元素添加事件。其基本语法如下：

```
element.addEventListener("事件", function,布尔值)
```

其中，事件必须是事件名的字符串，而不使用 "on" 前缀，例如点击事件的事件名字符串是 click。而 function 参数是必须的，为事件触发时执行的函数。布尔值参数是可选的，true 表示在捕获阶段调用事件处理程序，false 表示在冒泡阶段调用事件处理程序。

在捕获阶段，事件向下传播（document→<html>→<body>→<div>）。

在冒泡阶段，事件向上传播（document←<html>←<body>←<div>）。

【例 2-32】是使用 addEventListener() 的一个示例。

【例 2-32】

```
<body>
<input id="box" type="button" value="点击我" onclick="alert(this.value)" />
</body>
</html>
<script>
var Box = document.getElementById("box");          //获取到 id="box" 的按钮
Box.addEventListener("click",function(){          //给按钮添加点击事件
    alert(this.id);                              //this 值等于按钮 Box
});
</script>
```

2. 脚本模型

脚本模型不同于内联模型，内联模型是事件函数和 HTML 混写的，而脚本模型则实现了 HTML 与 JavaScript 代码层次的分离。

通过匿名函数，可以直接触发对应的代码，如【例 2-33】所示。

【例 2-33】

```
<body>
<input type="button" value="按钮" />
</body>
<script>
```

```
var Btn = document.getElementsByTagName('input')[0];
//获取到input对象（获取到的TagName标签名），意义上是获取到一个input数组，[0]表示数组中的第一个元素
Btn.onclick = function () {            //匿名函数执行
    alert('我是脚本模型，实现点击事件');
};
</script>
```

也可以通过指定的函数名赋值的方式来执行函数，如【例2-34】所示。

【例2-34】

```
var Btn = document.getElementsByTagName('input')[0];
function box() {
alert('我是脚本模型，实现点击事件');
};
Btn.onclick = box;                    //赋值的函数名不要跟着括号
```

2.3.2　常用事件

Javascript中的常用事件如表2-9所示。

表2-9　常用事件

事件	说明
onclick	鼠标单击事件，当用户单击鼠标按钮触发事件
onmouseover	鼠标指针经过事件，当鼠标指针移到某个对象上方时触发的事件
onmouseout	鼠标指针移开事件，当鼠标指针移出某个对象上方时触发的事件
onblur	当焦点从对象上移开时触发的事件，指针离开事件
onfocus	获取焦点（指针移入事件）

2.4　JavaScript的BOM与DOM

2.4.1　BOM对象及其子对象

浏览器对象模型（Browser Object Model），简称为BOM。它提供了独立于内容而与浏览器窗口进行交互的对象，其核心对象是window，常用对象还包括有location对象，history对象，screen对象，navigation对象。基本的BOM体系结构如图2-18所示。

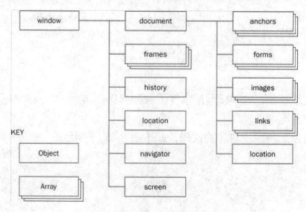

图2-18　BOM体系结构图

BOM 提供了一些访问窗口对象的方法，我们可以用它来移动窗口位置，改变窗口大小，打开新窗口和关闭窗口，弹出对话框，进行导航以及获取客户的一些信息（如浏览器品牌版本、屏幕分辨率）。

下面我们来介绍 BOM 的一些对象。

1. window 对象

window 对象是 BOM 中的顶级对象，引用 window 对象的属性和方法时，可以省略 window。在全局作用域中 this 和 window 指向同一个对象，另外，还可以使用 self 来引用 window 对象，全等关系即：this 等价于 window 等价于 self。

但在全局作用域中定义的变量和函数也会成为 window 对象的属性和方法，但是和直接在 window 对象上定义属性有以下区别。

（1）全局变量不能使用 delete 删除（相当于给 window 定义属性时将属性特性[[Configurable]]赋值为 false 了），直接在 window 对象上定义的属性可以使用 delete 删除（直接定义 window 对象时属性特性[[Configurable]]赋值默认为 true）。如果同时定义了全局变量和 window 对象的属性，则删除 window 属性时不起作用。

（2）尝试访问未定义的全局变量会抛出异常，但是访问未定义的 window 对象的属性则只是返回 undefined。（这里可以很好地利用此特性进行检测兼容性。）

window 对象的常用方法如表 2-10 所示。

表 2-10　window 作为顶层对象的主要方法

方法名	作用	说明
open()	打开新窗口	返回新打开的窗口，可以继续操作该新窗口
moveTo(x,y)	窗口移动到的位置	x 和 y 表示新位置的 x 和 y 坐标值，只适用于最外层 window 对象
moveBy(x,y)	窗口移动的尺寸	x 和 y 表示在水平和垂直方向上移动的像素数，只适用于最外层 window 对象
resizeTo(x,y)	窗口宽高尺寸	x 和 y 表示浏览器窗口的新宽度和新高度，只适用于最外层 window 对象
resizeBy(x,y)	窗口宽高变化尺寸	x 和 y 表示浏览器窗口的宽高变化尺寸，只适用于最外层 window 对象
alert()	警告框	显示时包含传入的字符串和"确定"按钮
confirm()	确认框	单击"确认"返回 true，单击"取消"返回 false
prompt()	提示输入框	"确认"按钮（返回文本输入域的内容）、"取消"按钮（返回 null）和文本输入域
find()	搜索对话框	等同用浏览器菜单栏的"查找"命令打开对话框
print()	打印对话框	等同用浏览器菜单栏的"打印"命令打开对话框
setTimeOut()	设置一次性定时器	参数：执行函数或代码，执行前需要等待的时间
clearTimeOut()	清除一次性定时器	参数为 setTimeout() 的引用
setInterval()	设置重复性定时器	参数：执行函数或代码，循环执行代码间隔时间
clearInterval()	清除重复性定时器	参数为 setInterval() 的引用

可以看到，我们之前已经使用过的 alert、confirm、定时器操作等方法，都是基于 window 对象的方法，只是把 window 省略没有写。

2. location 对象

location 对象提供了与当前窗口中加载的文档有关的信息以及导航功能，它既是 window 对象的属性，同时也是 document 对象的属性。location 对象常用属性和方法如表 2-11 所示。

表 2-11　location 对象常用属性和方法

属性和方法	举例	说明
href	http://www.jd.com	返回当前完整的 URL 地址，等同 location.toString()
host	www.jd.com:80	返回服务器名称和端口号
hostname	www.jd.com	返回服务器名称
port	8080	返回 URL 中指定的端口号，如果没有则返回空字符串
protocol	http:	返回页面使用的协议，通常是 http:或 https:
reload()方法	location.reload([true])	重新加载当前页面
assign()方法	location.assign(url)	立即打开新 URL 并在浏览器历史中生成一条记录，相当于直接设置 location.href 值
replace()方法	location.replace(url)	打开新 URL，但是不会生成历史记录，使用 replace()之后，用户不能通过"后退"回到前一个页面

3．history 对象

history 对象保存着用户上网的历史记录，还常用于浏览器中的前进和后退功能。表 2-12 是关于 history 对象常用属性和方法的说明。

表 2-12　history 对象常用属性和方法

属性和方法	举例	说明
length	history.length	返回浏览器历史列表中的 URL 数量
back()方法	history.back()	加载 history 列表中的前一个 URL
forward()方法	history.forward()	加载 history 列表中的下一个 URL
go(num)方法	history. go(2)	加载 history 列表中的某个具体页面

4．screen 对象

screen 对象用来表明客户端显示器的能力。多用于测定客户端能力的站点跟踪工具中。包括浏览器窗口外部的显示器的信息，如像素宽度和高度等，每个浏览器中的 screen 对象都包含着各不相同的属性，常用属性如表 2-13 所示。

表 2-13　screen 对象常用属性

属性	说明
height	获得屏幕的像素高度
width	获得屏幕的像素宽度
availHeight	屏幕的像素高度减去任务栏高度之后的值
availWidth	屏幕的像素宽度减去任务栏宽度之后的值

例如，【例 2-35】的代码输出如图 2-19 所示，实际数值会根据屏幕分辨率不同而不同。

【例 2-35】

```
document.write("宽度："+screen.width+", 高度："+screen.height);
```

宽度：1366，高度：768

图 2-19　获取屏幕分辨率宽高

5. navigator 对象

navigator 对象用来描述浏览器本身，主要用于检测浏览器的版本，包括浏览器的名称、版本、语言、系统平台、用户特性字符串等信息。但是各个浏览器及浏览器的不同版本之间对这个对象的实现也不尽相同。不建议直接使用 navigator 的方法或属性检测浏览器版本，在使用特定方法时，如果担心兼容性，则可以使用特性检测。常用属性如表 2-14 所示。

表 2-14　navigator 对象常用属性

属性	说明
appName	返回浏览器的名称
appVersion	返回浏览器的平台和版本信息
browserLanguage	返回当前浏览器的语言
online	返回指明系统是否处于脱机模式的布尔值
platform	返回运行浏览器的操作系统平台
userAgent	返回由客户机发送服务器的 user-agent 头部的值

【例 2-36】是关于 navigator 对象使用的示例，其输出显示如图 2-20 所示（注：实际内容会根据浏览器的不同而有不同输出）。

【例 2-36】

```
document.write("浏览器名称: "+navigator.appName);
document.write("<br>");
document.write("浏览器信息: "+navigator.userAgent);
```

```
浏览器名称: Netscape
浏览器信息: Mozilla/5.0 (Windows NT 6.1; WOW64) AppleWebKit/537.36 (KHTML, like Gecko) Chrome/55.0.2883.87 Safari/537.36
```

图 2-20　浏览器信息输出

6. document 对象

document 对象既是 BOM 顶级对象的一个属性，也是 DOM 模型中的顶级对象。这部分将在 DOM 中一起讲解。

2.4.2　DOM 对象模型

文档对象模型 DOM（Document Object Model）是针对 HTML 和 XML 文档的一个 API，现在已经成为表现和操作页面标记的真正的跨平台、语言中立的一种标准。DOM 由 3 部分组成，分别是 Core DOM、XML DOM 和 HTML DOM。

- Core DOM 用于任何结构化文档和标准模型。
- XML DOM 用于 XML 文档的标准模型，定义了所有 XML 元素的对象和属性，以及访问它们的方法。
- HTML DOM 用于 HTML 文档的标准模型，定义了所有 HTML 元素的对象和属性，以及访问它们的方法。

DOM 将 HTML 和 XML 文档映射成一个由不同节点组成的树型机构，称为 DOM 树。图 2-21 所示是一个 DOM 树的例子。每种节点都对应于文档中的信息或标记，节点有自己的属性和方法，并和其他节点存在某种关系，节点之间的关系构成了节点层次。

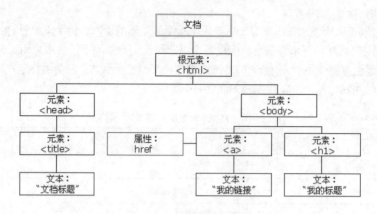

图2-21　DOM 树模型示例

2.4.3　HTML 文档的节点

DOM 下，HTML 文档各个节点被视为各种类型的 Node 对象。每个 Node 对象都有自己的属性和方法，利用这些属性和方法可以遍历整个文档树。由于 HTML 文档的复杂性，DOM 定义了 nodeType 来表示节点的类型，使用语法如：document. nodeType。表 2-15 列出 Node 常用的几种节点类型。

表 2-15　Node 节点常见类型值

对象	nodeType 值	备注
Element	1	Element 元素标签
Attr	2	元素标签的属性
Text	3	元素标签的文字内容
Comment	8	注释的文本内容
Document	9	Document 对象

DOM 树的根节点是 Document 对象，该对象的 documentElement 属性引用表示文档根元素的 Element 对象（对于 HTML 文档，这个就是<html>标记）。Javascript 操作 HTML 文档的时候，document 即指向整个文档，<body>、<table>等标签节点类型即为 Element。Comment 类型的节点则是指文档的注释。

Document 定义的方法大多数是生产型方法，主要用于创建可以插入文档中的各种类型的节点。常用的 Document 方法如表 2-16 所示。

表 2-16　常用的 Document 方法

方法	说明
createAttribute()	用指定的名字创建新的 Attr 节点
createComment()	用指定的字符串创建新的 Comment 节点
createElement()	用指定的标记名创建新的 Element 节点
createTextNode()	用指定的文本创建新的 TextNode 节点
getElementById()	返回文档中具有指定 id 属性的 Element 节点
getElementsByTagName()	返回文档中具有指定标记名的所有 Element 节点

对于 Element 节点，可以通过调用 getAttribute()、setAttribute()、removeAttribute()方法来查询、设置或者删除一个 Element 节点的性质。常用的属性和方法参见表 2-17 与表 2-18。

表 2-17　Element 标签元素常用的属性

属性	说明
tagName	元素的标记名称，比如<p>元素为 P。HTML 文档返回的 tabName 均为大写

表 2-18　Element 标签元素常用的方法

方法	说明
getAttribute()	以字符串形式返回指定属性的值
getAttributeNode()	以 Attr 节点的形式返回指定属性的值
getElementsByTabName()	返回一个 Node 数组，包含具有指定标记名的所有 Element 节点的子孙节点，其顺序为在文档中出现的顺序
hasAttribute()	如果该元素具有指定名字的属性，则返回 true
removeAttribute()	从元素中删除指定的属性
removeAttributeNode()	从元素的属性列表中删除指定的 Attr 节点
setAttribute()	把指定的属性设置为指定的字符串值，如果该属性不存在则添加一个新属性
setAttributeNode()	把指定的 Attr 节点添加到该元素的属性列表中

表 2-18 中所指的 Attr 对象代表文档元素的属性，有 name、value 等属性，可以通过 Node 接口的 attributes 属性或者调用 Element 接口的 getAttributeNode()方法来获取。不过在大多数情况下，使用 Element 元素属性的最简单方法是 getAttribute()和 setAttribute()两个方法，而不是 Attr 对象。

2.4.4　操作 DOM 节点对象

Node 节点对象定义了一系列属性和方法，来方便遍历整个文档。用 parentNode 属性和 childNodes[]数组可以在文档树中上下移动；通过遍历 childNodes[]数组或者使用 firstChild 和 nextSibling 属性进行循环操作，也可以使用 lastChild 和 previousSibling 进行逆向循环操作，也可以枚举指定节点的子节点。而调用 appendChild()、insertBefore()、removeChild()、replaceChild()方法可以改变一个节点的子节点从而改变文档树。需要指出的是,childNodes[]的值实际上是一个 NodeList 对象。因此，可以通过遍历 childNodes[]数组的每个元素来枚举一个给定节点的所有子节点；通过递归，可以枚举树中的所有节点。

对文档 DOM 的操作最后都会归结于对元素 Node 节点的操作，我们主要需要熟知元素节点的属性和方法，详见表 2-19 与表 2-20。

表 2-19　DOM 操作 node 节点的常用属性

属性名称	类型	说明
nodeName	String	节点名称
nodeValue	String	节点值
nodeType	Number	节点类型
parentNode	Node	父节点
firstChild	Node	第一个子节点
lastChild	Node	最后一个子节点

续表

属性名称	类型	说明
childNodes	NodeList	所有子节点
previousSibling	Node	前一个节点
nextSibling	Node	后一个节点
ownerDocument	Document	获得该节点所属的文档对象
attributes	Map	代表一个节点的属性对象

表 2-20　DOM 操作 node 节点的常用方法

方法名称	返回值	说明
hasChildNodes()	Boolean	当前节点是否有子节点
appendChild(node)	Node	往当前节点上添加子节点
removeChild(node)	Node	删除子节点
replaceChild(oldNode,newNode)	Node	替换子节点
insertBefore(newNode,refNode)	Node	在指定节点的前面插入新节点

接下来，我们将使用上述的 DOM 应用编程接口来试着操作 HTML 文档。

在使用 DOM 的过程中，有时候需要定位到文档中的某个特定节点，或者具有特定类型的节点列表。这种情况下，可以调用 document 对象的 getElementsByTagName() 和 getElementById() 方法来实现。

document.getElementsByTagName() 返回文档中具有指定标记名的全部 Element 节点数组（也是 NodeList 类型）。Element 出现在数组中的顺序就是它们在文档中出现的顺序。传递给 getElementsByTagName() 的参数忽略大小写。比如，想定位到第一个<table>标记，可以这样写：document.getElementsByTagName("table")[0]。例外地，可以使用 document.body 定位到<body>标记，因为它是唯一的。getElementsByTagName() 返回的数组取决于文档。一旦文档改变，返回结果也立即改变。相比之下，getElementById() 则比较灵活，可以随时定位到目标，只需要实现给目标元素一个唯一的 id 属性值。

Element 对象也支持 getElementsByTagName() 和 getElementById()。不同的是，搜索领域只针对调用者的子节点。

下面是操作 DOM 节点对象的案例。

案例 1：遍历文档的节点

DOM 把一个 HTML 文档视为树，因此，遍历整个树是一个常见的操作。跟之前说过的一样，这里我们提供两个遍历树的例子。通过它，我们能够学会如何使用 childNodes[] 和 firstChile、lastChild、nextSibling、previousSibling 遍历整棵树。

代码如【例 2-37】所示，结果如图 2-22 所示。

【例 2-37】

```
<head>
<meta http-equiv="Content-Type" content="text/html; charset=utf-8" />
<title>遍历 DOM 的节点</title>
</head>

<body>
<input id="btn" type="button" value="统计" />
```

```
</body>
</html>
<script type="text/javascript">
    var elementName = "";  //全局变量字符串，保存 Element 标记名
    var total = 0;         //全局变量统计节点数目
    function countTotalElement(node) {      //计算节点，参数 node 是一个 Node 对象
        var childrens = node.childNodes;    //获取 node 的全部子节点
        for(var i=0;i<childrens.length;i++){
            printElement(childrens[i]);     //获得节点名称
        }
    }
    function printElement(node) {
        if(node.nodeType == 1) {            //元素对象
            total++;
            elementName+=node.tagName + "\r\n";  //获得节点名称
        }
        countTotalElement(node);            //继续计算节点
    }

    var btn=document.getElementById("btn");
    btn.onclick=function(){
        countTotalElement(document);
        alert("节点数目："+total+"\r\n"+"节点如下："\r\n"+elementName);
        elementName = "";                   //重置
        total = 0;                          //重置
    }
</script>
```

图 2-22　遍历当前 html 页面的文档树的输出

【例 2-37】中，也可以使用 firstChild 和 nextSibling，把方法 countTotalElement 修改为如【例 2-38】所示，同样能获得相同效果。

【例 2-38】

```
function countTotalElement(node) { //参数 node 是一个 Node 对象
    for(var i=node.firstChild;i!=null;i=i.nextSibling){
```

```
        printElement(i);    //进入节点
    }
}
```

案例2：修改文档内容（增删改查）

通过 DOM 操作节点的常用方法，可以动态改变页面的内容。

首先，使用 html 代码进行内容布局。页面代码如【例2-39】所示，界面如图2-23所示。

【例2-39】

```
<body>
<input id="content" type="text"/><input type="button" value="查 询" onclick="fn1();"
/> <input type="button" value="添 加" onclick="fn2();"/><br /><br />
<table id="tab" border="2" width="300">
<!--为了显示又表格头，使用 thead 和 tbody 分段显示 -->
    <thead><td>学号</td><td>姓名</td><td>操作</td></thead>
    <tbody>
        <tr><td>1</td><td>zhangsan</td><td> </td></tr>
        <tr><td>2</td><td>lisi</td><td> </td></tr>
        <tr><td>3</td><td>wangwu</td><td> </td></tr>
        <tr><td>4</td><td>maliu</td><td> </td></tr>
        <tr><td>5</td><td>zhangsan</td><td> </td></tr>
    </tbody>
</table>
</body>
```

查询	添加	

学号	姓名	操作
1	zhangsan	
2	lisi	
3	wangwu	
4	maliu	
5	zhangsan	

图2-23　Dom 修改文档内容界面

接着，使用 JavaScript 实现对页面节点进行查找操作。在【例2-39】的<body>标签内，添加如【例2-40】所示的脚本代码，其页面效果如图2-24所示。

【例2-40】

```
<script type="text/javascript">
function fn1(){    //查找
        var strtxt=document.getElementById("content").value;
        var ctable=document.getElementById("tab");    //获得表格
        var ctbody=ctable.tBodies[0];    //第一个且此处只有一个<tbody>
        var crows=ctbody.rows;            //获取行
        for(var i=0;i<crows.length;i++){
            if(crows[i].cells[1].innerHTML==strtxt){
                crows[i].bgColor="red";
                yy=true;
            }else{
                crows[i].bgColor="";  //初始没有设颜色，就用空字符串
            }
        }
```

```
        if(yy==false){
            alert("没有查到此人")
        }
    }
```

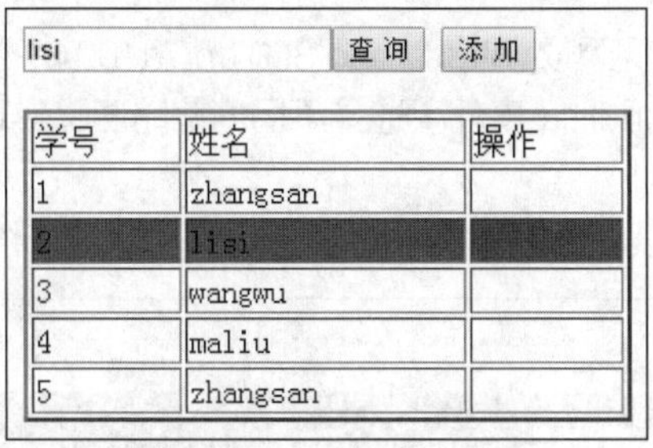

图 2-24　动态操作页面元素

　　最后，是使用 JavaScript 代码对页面节点进行添加与删除。在【例 2-40】的<script>标签内增加如【例 2-41】所示的内容，效果如图 2-25 所示。

【例 2-41】

```
function fn2(){    //动态添加
        var strcontent=document.getElementById("content").value;    //获取用户输入内容
        var td0=document.createElement("td");      //创建 3 个 td（列）
        var objtbody=document.getElementById("tab").tBodies[0];    //获得当前的行数并赋值
        var rownum=objtbody.rows.length;
        td0.innerHTML=rownum+1;
        var td1=document.createElement("td");
        td1.innerHTML=strcontent;
        var td2=document.createElement("td");
        var strA="<a href='#' onclick='fn3(this);'>删除</a>";    //this 代表事件绑定 a 标签
        td2.innerHTML=strA;
        //创建 td 的父节点 tr（行），通过行来创建关联子节点
        var objtr=document.createElement("tr");
        objtr.appendChild(td0);
        objtr.appendChild(td1);
        objtr.appendChild(td2);
        objtbody.appendChild(objtr);      //将 tr 关联到 body 中
    }
function fn3(bq){      //动态删除
    //a→td→tr→tbody，用 tbody 去删除（a→td→tr），从而删除行
    bq.parentNode.parentNode.parentNode.removeChild(bq.parentNode.parentNode);
    }
```

图 2-25　动态操作页面元素

本章实训：JavaScript 在线上网页的应用实例

2.5.1 网页换肤

本案例模仿 360 导航（参见网页 https://hao.360.cn/?a1004）的换肤功能。在本案例中，我们主要学习通过用户鼠标点击（onclick 事件）选择不同的缩略图，实现对网页背景图的切换。实现步骤如下。

（1）通过 HTML 和 CSS 实现如图 2-26 所示的静态页面。

图 2-26　网页换肤

实现代码如下：

```css
<style type="text/css">
body{
    background:url(margins/1.jpg);
    background-size: cover;
}
.all{
    width:auto;
    height:150px;
    text-align:center;
}
.all img{
    margin-top:20px;
    cursor:pointer;
}
</style>
</head>

<body id="bg">
<div class="all">
    <img src="margins/1.jpg" width="150" id="img1" />
```

```
        <img src="margins/2.jpg" width="150" id="img2" />
        <img src="margins/3.jpg" width="150" id="img3" />
        <img src="margins/4.jpg" width="150" id="img4" />
        <img src="margins/5.jpg" width="150" id="img5" />
    </div>
    </body>
```

（2）利用 onclick 点击事件，通过点击小图片，改变 body 的背景图片的路径，来实现图 2-27 所示的换肤效果。

图 2-27　桌面换肤效果

在<head>标签中添加脚本代码，实现代码如下：

```
<script type="text/jscript">
window.onload = function(){
    var img1=document.getElementById("img1");
    var img2=document.getElementById("img2");
    var img3=document.getElementById("img3");
    var img4=document.getElementById("img4");
    var img5=document.getElementById("img5");
    img1.onclick=function(){
        bg.style.background="url(margins/1.jpg)";}    //通过点击改变 body 背景图片路径
    img2.onclick=function(){
        bg.style.background="url(margins/2.jpg)";}
    img3.onclick=function(){
        bg.style.background="url(margins/3.jpg)";}
    img4.onclick=function(){
        bg.style.background="url(margins/4.jpg)";}
    img5.onclick=function(){
        bg.style.background="url(margins/5.jpg)";}
}
</script>
```

2.5.2 在线搜索

本案例模拟众多门户网站中的搜索功能，此处并不能实现线上搜索内容，我们主要学习通过利用 onblur 和 onfocus 事件获得焦点和失去焦点，实现线上搜索的基本样式。这就是我们经常在网页中搜索框能见到的，单击搜索框获得焦点，使框内默认文字消失，如果不输入内容，单击搜索框以外的任何位置，将失去焦点，框内默认文字恢复。

其实现步骤如下。

（1）通过 HTML 和 CSS 实现如图 2-28 所示的静态页面。

图 2-28　在线搜索页面

实现代码如下：

```css
<style type="text/css">
* {
     margin: 0;
     padding: 0;
     border: 0;
}
.all {
     width: 260px;
     height: 40px;
     background: #966;
     margin: 100px auto;
}
#txt {
     width: 216px;
     height: 40px;
     color: #CCC;
     float: left;
     border: 1px solid #ccc;
     outline: none;
}
#btn {
     width: 42px;
     height: 42px;
     float: right;
     border: 1px solid #ccc;
     cursor: pointer;
     outline: none;              /*去掉蓝色焦点边框*/
}
```

```
    </style>
    </head>

    <body>
    <div class="all">
        <input type="text" value="请输入查询内容" id="txt" />
        <input type="button" value="搜索" id="btn"/>
    </div>
    </body>
    </html>
```

（2）通过 onfocus（获得焦点）事件，文本框获得焦点后，里面的提示文字自动置为空，实现如图 2-29 所示的效果。

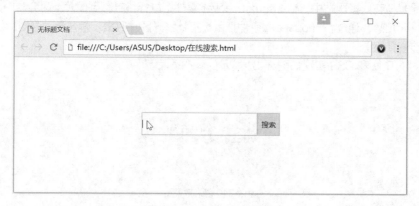

图 2-29　onfocus 事件效果

（3）通过 onblur（失去焦点）事件，文本框失去焦点后，文本框内自动恢复提示文字，实现如图 2-30 所示的效果。

图 2-30　onblur 事件效果

在<head>标签中添加脚本代码，实现代码如下：

```
<script type="text/jscript">
var txt=document.getElementById("txt");
txt.onfocus=function(){                  //onfocus 获得焦点
    if(txt.value=="请输入查询内容"){
    txt.value="";
```

```
        txt.style.color="#000";
    }
}
txt.onblur=function(){                    //onblur 失去焦点
    if(txt.value==""){
    txt.value="请输入查询内容";
    txt.style.color="#ccc";
    }
}
</script>
```

2.5.3 百度一下

本案例是模拟在众多网站中，通过 onmouseover 事件把鼠标指针移到图片上时会从图片底部弹出一个灰色的提示信息，通过 onmouseout 事件把鼠标指针移开图片时提示信息自动隐藏的效果。

其实现步骤如下。

（1）通过 HTML 和 CSS 实现如图 2-31 所示的静态页面。

图 2-31　静态效果图

其代码如下：

```
<style type="text/css">
#bd{ width:185px; height:112px;
    margin:50px auto;
    background:url(images/baidu.png);
    background-size:cover;
    position:relative; }
#bg{ width:185px;
    height:22px;
    position: absolute;
    left:0; top:112px;
    background:rgba(0,0,0,0.5);
    visibility:hidden;
    color:#FFF;
    font-size:12px;}
</style>
</head>

<body>
<div id="bd">
    <div id="bg">百度一下</div>
</div>
</body>
```

（2）通过 onmouseover（鼠标指针移上）事件，图片底部出现灰色半透明灰色提示信息。

其效果如图 2-32 所示。

图 2-32　鼠标指针移上效果图

其实现代码如下：

```
<script type="text/javascript">
    window.onload = function(){
        var bd=document.getElementById("bd");
        var bg=document.getElementById("bg");
        bd.onmouseover=function(){              //鼠标指针移上 onmouseover
            bg.style.top="90px";
            bg.style.visibility="visible";
        }
    }
</script>
```

（3）通过 onmouseout（鼠标指针移开）事件，图片又恢复原来的效果。其实现代码如下：

```
bd.onmouseout=function(){                   //鼠标指针移开 onmouseover
        bg.style.top="112px";
        bg.style.visibility="hidden";
    }
```

 习题

一、选择题

1. 在 DOM 对象模型中，直接父对象为根对象 window 的对象中不包括（　　）。

　　A. history　　　　　　B. document　　　　　　C. location　　　　　　D. form

2. 下面的 JavaScript 代码段，其输出结果是（　　）。

```
var mystring="I am a student";
a=mystring.charAt(9);
document.write(a);
```

　　A. I an a st　　　　　B. u　　　　　　　　C. udent　　　　　　D. t

3. 在 HTML 中，运行下面的 JavaScript 代码，则在弹出的提示框中显示的消息内容为（　　）。

```
<script language="javascript">
x=3;
y=2;
z=(x+2)/y;
alert(z);
</script>
```

　　A. 2　　　　　　　　B. 2.5　　　　　　　　C. 32/2　　　　　　　D. 16

4. 制作网页上的浮动广告时，需要定义一个函数，实现浮动广告层随滚动条滚动的效果，假如已经定义好了这个名为 move 的函数，那么最后需要做的是（　　）。

　　A. 捕获窗口的 window.onscroll 事件，调用 move 函数

　　B. 捕获文档的 document.onscroll 事件，调用 move 函数

C. 捕获窗口的 window.onload 事件，调用 move 函数

D. 捕获文档的 document.onload 事件，调用 move 函数

5. 下列选项中关于 JavaScript 浏览器对象中 history 对象的说法错误的是（　　）。

A. history 对象记录了用户在一个浏览器中已经访问过的 URLs

B. history 对象的父对象是 JavaScript 浏览器对象的根对象 window

C. 应用 history 对象的方法可以实现 IE 浏览器中"前进"和"后退"按钮的功能

D. 应用 history 对象的 back()方法相当于"前进"按钮，forward()方法相当于"后退"按钮

6. 在 HTML 页面上包含如下所示的 JavaScript 代码，要实现打开页面时弹出对话框显示"张三"，则下划线处应填写的代码为（　　）。

```
<html>
        <head>
        <script language="javascript">
            var studentList = new Array();
            studentList['一班'] = ['张三','李四'];
            alert(_____);                //在此处填写代码
        </script>
        </head>
</html>
```

A. studentList[0][0]　　　　　　　　B. studentList[0]['张三']

C. studentList['一班']['张三']　　　　D. studentList['一班'][0]

7. 假设今天是 2006 年 4 月 1 日星期六，请问下列 Javascript 代码在页面上输出的结果是（　　）。

```
var time=new Date();
document.write(time.getDate());
```

A. 2006　　　　　　B. 4　　　　　　C. 1　　　　　　D. 6

8. 分析下面创建按钮控件的 HTML 代码，当单击此按钮后产生的结果是（　　）。

```
<INPUT TYPE="button" VALUE="ok" onClick="this.style.background='red'">
```

A. 按钮中的文字显示红色　　　　　　B. 页面中的文字显示红色

C. 页面中的背景色显示红色　　　　　D. 按钮的背景色显示红色

9. 在 HTML 页面中，包含如下所示的文本框对象，要实现当文本框获得鼠标焦点时，清空文本框的内容，则可以在下划线处添加的代码是（　　）。

```
<INPUT TYPE="text" name="uname" value="王鸿" size="20" onFoucs="__c_"/>
```

A. this.value="　　B. Value="　　C. this.value=""　　D. Value="

10. 在 JavaScript 中，关于 document 对象的方法，下列说法正确的是（　　）。

A. getElementById()是通过元素 ID 获得元素对象的方法，其返回值为单个对象

B. getElementByName()是通过元素 name 获得元素对象的方法，其返回值为单个对象

C. getElementbyid()是通过元素 ID 获得元素对象的方法，其返回值为单个对象

D. getElementbyname()是通过元素 name 获得元素对象的方法，其返回值为对象组

二、操作题

1. 编写操纵表格列表内容复选框的全选、反选效果的按钮，效果如下所示。

要求：

当全选框按钮选中时，将所有的内容项前面的复选框选中，否则反之。

当反选框按钮选中时，将所有的内容项前面的未选中的复选框选中，选中的复选框置为没选中，否则反之。

全选	复选框全选示例		
1	作用:		
2	a. 单击列头复选框全选或全不选子项		
3	b. 只要有一个子项没有选中，则取消列头的选中状态		
4	c. 当所有子项目选中时，列头复选框自动置为选中状态		
5			
6			
7			
8			
9			
10	d. 将复选框反过来选		
反选	反选示例		

2. 定义变量对应省份及城市，应用 Select 标签对象，实现二级级联的下拉菜单选中效果。也就是说，在省份下拉菜单中，选中一个省份时，在城市下拉菜单中出现对应城市选择内容。效果如下图所示。

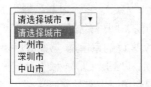

文案内容：

广州市 ["越秀区","天河区","海珠区","白云区","荔湾区","黄埔区","南沙区","萝岗区"]

深圳市 ["福田区","罗湖区","南山区","盐田区","宝安区","龙岗区"]

中山市 ["东区","南区","石岐区","西区","五桂山镇"]

第 3 章

jQuery 基础

3.1 初识 jQuery

3.1.1 jQuery 简介

jQuery 是一个 JavaScript 工具库（或称 JavaScript 框架），它通过封装原生的 JavaScript 函数得到一整套定义好的方法，使用者仅需要直接调用这些方法，即可轻松实现各种特效。jQuery 是它的作者 John Resig 于 2006 年创建的一个开源项目，jQuery 设计的宗旨是 "Write Less，Do More"。随着越来越多开发者的加入，jQuery 已经集成了 JavaScript、CSS、DOM 和 Ajax 于一体的强大功能，它可以用最少的代码完成更多复杂而困难的功能，从而得到了开发者的青睐。

jQuery 的核心特性可以总结为：高效灵活的 CSS 选择器，可以对 CSS 选择器进行扩展；独特的链式语法和短小清晰的多功能接口；便捷的插件扩展机制和丰富的插件。

jQuery 库分为两种，分别是 jquery-1.x.x.js 和 jquery-1.x.x.min.js，其区别如表 3-1 所示，本书以版本 1.8.3 为例。

表 3-1 两种 jquery 库的比较

名称	文件大小	说明
jquery-1.8.3.js	262kb	完整无压缩版，带注释与空格，用于学习
jquery-1.8.3.min.js	92kb	压缩版，不带注释和空格，用于实际开发

3.1.2 jQuery 在网页中的引用方式

在网页中引入 jQuery 库，跟 JavaScript 的外部引入方式是一样的，在网页中引入了 jQuery 库之后，就可以编写 jQuery 代码了，调用语句类似以下语句：

```
<script type="text/javascript" src="js/jquery-1.8.3.min.js"></script>
```

通常会把 jQuery 代码放到<head>部分的事件处理方法中，如【例 3-1】所示。

【例 3-1】

```
<head>
<script type="text/javascript" src="js/jquery-1.8.3.min.js"></script>
<script type="text/javascript">
$(document).ready(function(){
```

```
        //jQuery 代码…
    });
</script>
</head>
```

如果网站包含许多页面，那么可以把 jQuery 函数放到独立的.js 文件中，再把它们放到一个存放 JavaScript 文件的专用文件夹中，这样会更易于维护。可通过 src 属性来引用文件，如【例 3-2】所示。

【例 3-2】

```
<head>
<script type="text/javascript" src="js/jquery-1.8.3.min.js"></script>
<script type="text/javascript" src="js/xxx.js"></script>
</head>
```

注意，jQuery 的引用是有顺序的，需要先引用 jQuery 库，再引用自己写的.js 文件，这样.js 文件才能引用 JQuery 库中的方法。

3.1.3　jQuery 初体验

1．加载模式

我们之前在 JavaScript 中一直使用 window.onload = function(){};这段代码来对 JS 代码进行首尾包裹。在 jQuery 中与这段代码有相似功能的代码是：

```
$(document).ready(function(){});
```

这个语句也可以简写成：

```
$(function(){});
```

在 jQuery 中，使用$符号进行对象的选择，如选择 id 名为"box"的对象，写成$("#box")，其含义等同于 Javascript 中的 document.getElementById("box")。可以看到，仅仅这一句代码，就已经比 Javascript 简化了很多。

下面我们通过比较分别使用 jQuery 和原生 JavaScript 的方法，了解 jQuery 在加载模式上的优势。

（1）jQuery 方法

首先在<head>标签内引入 jQuery 库：

```
<script type="text/javascript" src="js/jquery-1.8.3.min.js"></script>
```

在 jQuery 库下面（注：若写在 jQuery 库上面，则 jQuery 库无效）编写代码，如【例 3-3】所示。

【例 3-3】

```
<script type="text/javascript">
$(document).ready(function(){       //jQuery 通过符号$选择 document 元素对象，然后调用 read()方法
    alert('我是 jQuery 方法');
});
</script>
```

在 jQuery 中为什么需要使用$(function(){})来对内部代码进行首尾包裹呢？

原因是我们的 jQuery 库是在 body 元素之前加载的，我们必须等待所有的 DOM 元素加载完成后再执行 jQuery 代码，否则 jQuery 库将无效。

（2）原生 JavaScript 对应的类似的功能代码

代码如【例 3-4】所示。

【例 3-4】

```
<script type="text/javascript">
window.onload = function(){
    alert('我是 JavaScript 方法');
```

```
}
</script>
```

【例3-3】和【例3-4】中以下两句代码的作用是类似的：

```
window.onload = function(){};              //JavaScript 等待加载
$(document).ready(function(){};            //jQuery 等待加载
```

虽然它们功能类似，但还是有所区别，区别如表3-2所示。

表3-2　window.onload 与$(document).ready()的对比

对比	window.onload	$(document).ready()
执行时机	必须等待网页全部加载完毕（包括图片等）才执行包裹代码	只需要网页中 DOM 结构加载完毕，就能执行包裹代码
编写次数	只能编写1次，若编写第2次，那么第1次将被覆盖	可编写多次，编写 n 次都不会被覆盖掉
简写方案	无	$(function(){ })

2. jQuery 初体验

下面我们通过分别使用 Javascript 和 jQuery 两种方式分别来实现一个隐藏/显示图片的小案例进行对比。

使用 Javascript 代码如【例3-5】所示。

【例3-5】

```
<script src="jquery-1.8.3.min.js"></script>
<script type="text/javascript">
window.onload=function(){
    var i=0;    //偶数为显示，奇数为隐藏
    var btnArr=document.getElementsByTagName("button");  //获取多个button
    btnArr[0].onclick=function(){
        if(i%2==0){
            document.getElementById("img1").style.display="none";
            i++;}
    }
    btnArr[1].onclick=function(){
        if(i%2==1){
            document.getElementById("img1").style.display="block";
            i++;}
    }
    btnArr[2].onclick=function(){
        if(i%2==0){
            document.getElementById("img1").style.display="none";}
        if(i%2==1){
            document.getElementById("img1").style.display="block";}
        i++;
    }
}
</script>
    <body>
        <button>隐藏</button>
        <button>显示</button>
        <button>切换</button>
    <br />
```

```
        <img src="img/1.jpg" />
    </body>
    </html>
```

使用 jQuery 代码如【例 3-6】所示。

【例 3-6】

```
<head>
    <script type="text/javascript" src="js/jquery-1.8.3.min.js"></script>    //引入 jQuery 库
<script type="text/javascript">                        //编写 jQuery 代码
    $(function(){                                       //等待加载
        $('button').eq(0).click(function(){            //获取到下标为 0 的<button>标签进行点击事件
            $('img').hide();                            //隐藏图片
        });
        $('button:eq(1)').click(function(){            //获取到下标为 1 的<button>标签进行点击事件
            $('img').show();                            //显示图片
        });
        $('button:eq(2)').click(function(){            //获取到下标为 2 的<button>标签进行点击事件
            $('img').toggle();                          //点击隐藏/显示图片
        });
    });
</script>
</head>
<body>
    <button>隐藏</button>
    <button>显示</button>
    <button>切换</button>
<br />
    <img src="img/1.jpg" />
</body>
</html>
```

两段代码实现的效果相同，即单击"隐藏"，图片会看不见；单击"显示"，图片会出现；单击"切换"，可以实现对图片隐藏与显示进行轮流操作。效果如图 3-1 所示。

图 3-1　显示/隐藏 jQuery 创始人 John Resig 图片

通过对比，我们可以感受到，jQuery 代码比 javascript 代码更加简洁，逻辑更加容易理解，运行效率也更加高效。

3.2　jQuery 选择器

jQuery 选择器的功能非常强大，能让开发者快速方便地定位查找到所需标签元素进行操作，所以要学好 jQuery，首先要学好 jQuery 中的选择器。

jQuery 选择器继承了 CSS 的语法，并且选择器的功能比 CSS 更强大，可以对 DOM 元素的标签名、属性名、类名、状态等进行更快速准确的选择。jQuery 对象不能使用 DOM 中的方法，但如果要使用 DOM 方法的时候，有如下处理方法。

（1）如果待操作对象是 DOM 对象，只需要用$()把 DOM 对象包装起来，jQuery 对象就是通过 jQuery 包装 DOM 对象后产生的对象，从而可以获得一个 jQuery 对象，如$("#msg")。

（2）如果待操作对象是数组对象，可以通过[index]的方法得到对应的对象，如$("#msg")[0]，就可以得到相应的 DOM 对象。

3.2.1　基本选择器

jQuery 基本选择器跟 CSS 的选择器基本类似，具体参见表 3-3。

表 3-3　jQuery 基本选择器

选择器	描述	返回/元素	示例
id 选择器：#id	获取 id 元素	单个	$('#box')
class 选择器：.class	获取 class 类元素	集合	$('.text')
标签元素名选择器	获取 html 元素	集合	$('p')
通配符选择器：*	获取所有元素	集合	$('*')
群组选择器	同时获取多个元素	集合	$('p,div,#box')

在使用 jQuery 选择器时，首先我们必须使用"$()"函数来包装 CSS 规则。

下面我们来介绍每种不同选择器的使用。

1．id 选择器。

id 选择器通过标签的 id 名选择标签。【例 3-7】是将 id="box"的元素文字设为红色的一个示例。

【例 3-7】

//jQuery 方法：

```
$(function(){
    $('#box').css('color','red');
});
```

如果使用 CSS 方法，则在样式表中添加以下设置：

```
#box{ color:red; }
```

2．class 选择器

class 选择器通过标签的 class 名选择标签。

例如若要将 class="text"的元素背景色设为蓝色，CSS 方法只需在样式表中增加以下设置：

```
.text{ background:blue; }
```

如果使用 jQuery 方法，则把以下 jQuery 代码包裹在$(function(){ });代码里面：

```
$('.text').css('background','blue');
```

3．element（标签元素）选择器

element 选择器直接通过标签名选择标签。

例如若要将 p 标签元素文字大小设为 18px，CSS 方法只需在样式表中增加以下设置：

```
p{ font-size:18px; }
```

而 jQuery 方法则把以下 jQuery 代码包裹在$(function(){ });代码里面：

```
$('p').css( 'font-size', '18px' );
```

4. 通配符*选择器

通配符*选择器选择 html 页面下所有的标签。

例：将 div 下面的所有元素文字设为红色：

```
$('div *').css( 'color','red' );
```

5. 群组选择器

群组选择器同时选择多种标签，用空格分隔。

如果要同时获取到 div、span 和 class 中类名为 text 的元素 p，并将这些元素文字颜色设为蓝色，相应的 HTML 代码和 jQuery 代码如【例 3-8】所示，其显示效果如图 3-2 所示。

【例 3-8】

```
        <div>一个盒子</div>
        <p class="text">文字文字</p>
        <span>内容文字</span>
        <p class="word">一段文字</p>
<script type="text/javascript">
$(function(){$( 'div,span,p.text' ).css( 'color','blue' ); });
</script>
```

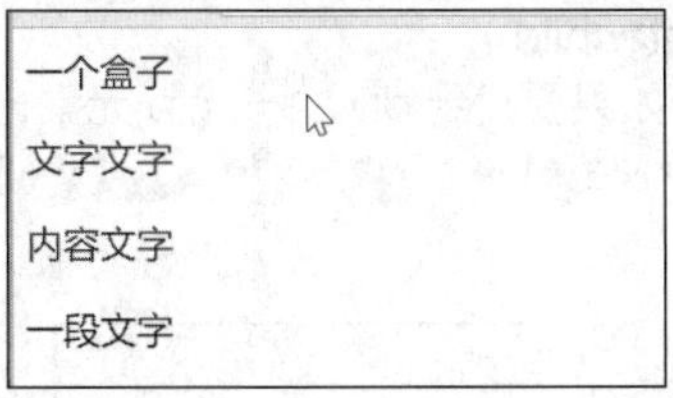

一个盒子

文字文字

内容文字

一段文字

图 3-2　群组选择器

3.2.2　层级选择器

层级选择器是利用某个节点作为参照，选择其后满足要求的节点。常用的层级选择器如表 3-4 所示。

表 3-4　层级选择器

选择器	描述	CSS 模式	jQuery 模式
后代选择器： $(ancestor descendant)	在给定的祖先元素下匹配所有的后代元素（包括子元素或孙子辈的元素等）	div p{}	$('div p')
子选择器： $(parent>child)	选取父元素下的子级元素，与后代元素选择器不同	div>p{}	$('div>p')
next 选择器： $(prev+next)	选取紧接在 prev 元素后的 next 同级元素	div+p{}	$('div+p')
nextAll 选择器： $('prev~siblings')	选取 prev 元素后的所有同辈分的 siblings 元素	div~p{}	$("div~p")

利用【例 3-9】所示的 HTML 页面代码，接下来我们来介绍不同层级选择器的使用。

【例 3-9】

```
<div>
```

```
    <p>文字文字11</p>           /*div 子代 p 元素*/
    <span>
        <p>文字文字22</p>        /*div 孙代 p 元素*/
    </span>
</div>
<p>文字文字33</p>               /*紧跟在 div 后面的一个 p 元素*/
<p>文字文字44</p>
```

1. 后代元素选择器：$(ancestor descendant)

对于【例3-9】构造的页面，我们想找到 div 所有的后代元素（包括子代和孙代），则可以使用如下 jQuery 代码：

```
$("div p").css( 'color','red' );
```

其显示效果如图 3-3 所示。

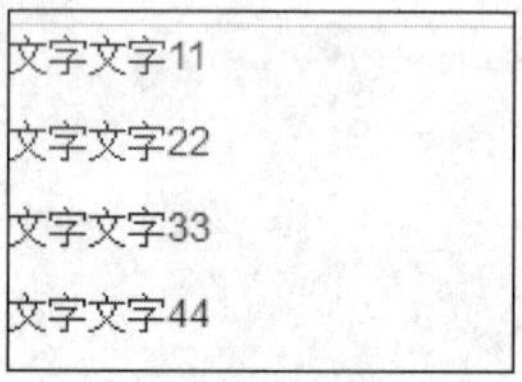

文字文字11

文字文字22

文字文字33

文字文字44

图 3-3　后代元素选择器

2. 子元素选择器：$(parent>child)

对于【例3-9】构造的页面，如果要找到 div 的子代 p 元素，不包括孙代，则 jQuery 代码如下：

```
$("div > p").css( 'color','red' );
```

其显示效果如图 3-4 所示。

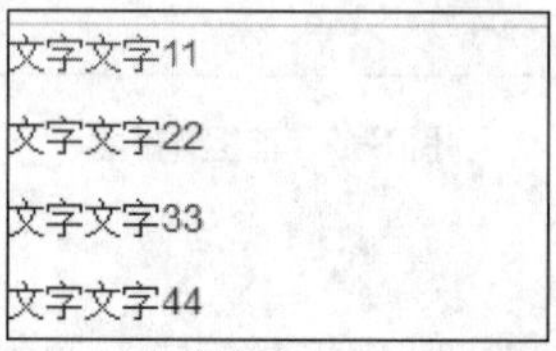

文字文字11

文字文字22

文字文字33

文字文字44

图 3-4　子元素选择器

3. next 选择器：$(prev+next)

对于【例3-9】构造的页面，如果要找到紧跟在 div 后面的 p 元素，jQuery 代码如下：

```
$("div + p").css( 'color','red' );
```

其显示效果如图 3-5 所示。

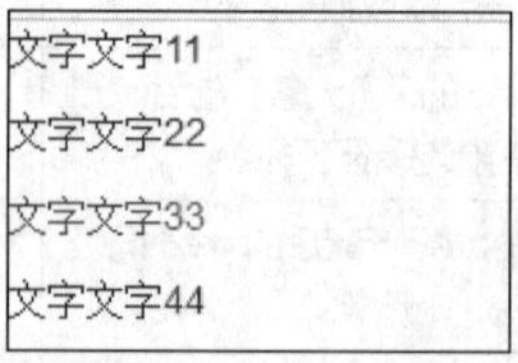

文字文字11

文字文字22

文字文字33

文字文字44

图 3-5　next 选择器

4. nextAll 选择器：$('prev～siblings')

对于【例3-9】构造的页面，如果要找到所有与 div 同辈的 p 元素，jQuery 代码如下：

```
$("div ～ p").css( 'color','red' );
```

其显示效果如图 3-6 所示。

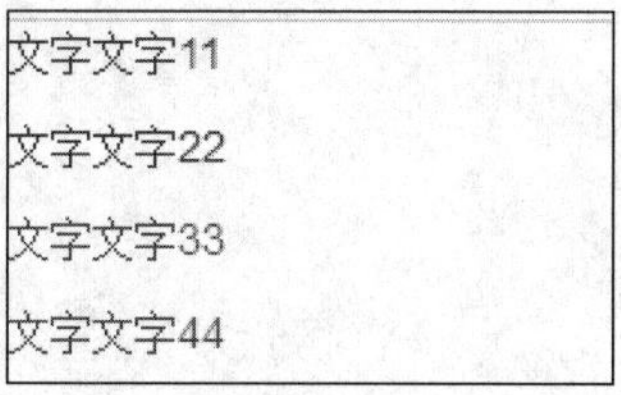

```
文字文字11

文字文字22

文字文字33

文字文字44
```

图 3-6　nextAll 选择器

需要注意的是，层次选择器对选择的层次是有要求的，子选择器只有子节点才可以被选择到，孙节点和重孙节点都无法选择到；而 next 选择器，必须是同一个层次的后一个元素；nextAll 选择器必须是同一个层次的后 n 个元素，不在同一个层次就无法选取到了。

3.2.3　过滤选择器

jQuery 根据某一类过滤规则进行元素匹配，很多都不是 CSS 的书写规范，而是 jQuery 自己为了开发者的便利延展出来的选择器，用法与 CSS 中的伪元素相似，选择器用英文冒号 ":" 开头，是 jQuery 中应用最为广泛的选择器。

按照不同的过滤规则，过滤选择器可分为以下几种。

1．基本过滤选择器

具体见表 3-5。

表 3-5　基本过滤选择器

选择器	描述	返回/元素	示例
:first	选取第一个元素	单个	$("li:first")
:last	选取最后一个元素	单个	$("li:last")
:not(selector)	选取除 selector 以外的所有匹配的元素	集合	$("p:not(.a)")
:even	选取所有索引值（从 0 开始）为偶数的元素（0、2、4…）	集合	$("li:even")
:odd	选取所有索引值（从 0 开始）为奇数的元素（1、3、5…）	集合	$("li:odd")
:eq(index)	选取一个索引值（从 0 开始）为 index 元素	单个	$("li:eq(0)")
:gt(index)	选取索引值（从 0 开始）大于 index 的所有元素	集合	$("li:gt(1)")
:lt(index)	选取索引值（从 0 开始）小于 index 的所有元素	集合	$("li:lt(2)")
:header	选取所有标题元素	集合	$(:header)
:animated	选取所有正在执行动画效果的元素	集合	$("div:not(:animated)")

设有【例 3-10】所示的 HTML 页面，其显示效果如图 3-7 所示。下面我们将使用不同的基本过滤选择器查找相应的 HTML 元素。

【例 3-10】

```
<ul>
    <li>列表列表 11</li>        <!--第一个 li 元素，索引值 0，eq(0)-->
    <li>列表列表 22</li>        <!--索引值1-->
    <li>列表列表 33</li>
    <li>列表列表 44</li>
    <li>列表列表 55</li>        <!--最后一个 li 元素，索引值 4-->
</ul>
```

CSS 代码：

```
li{
    list-style:none;
    width:100px;
    height:100px;
    border:1px solid #000;
    float:left;
}
```

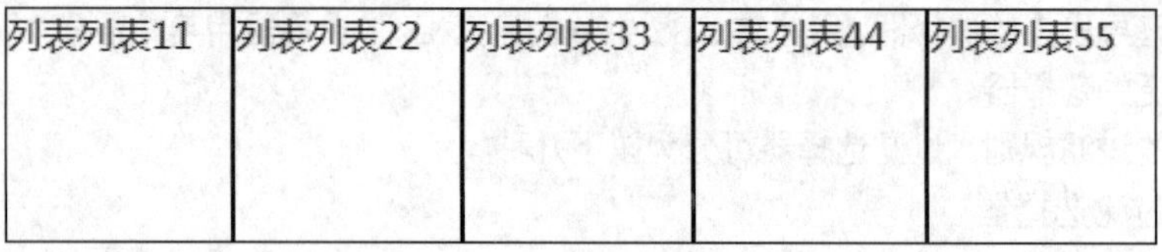

列表列表11	列表列表22	列表列表33	列表列表44	列表列表55

图 3-7　列表示例图

（1）使用:first 查找第一个 li 元素。

相应 jQuery 代码如下：

```
$( 'li:first' ).css( 'color','red' );
```

这样，选中的第 1 个 li 标签文字变红，效果如图 3-8 所示。

（2）使用:last 找查找最后一个 li。

相应 jQuery 代码如下：

```
$( 'li:last' ).css( 'color','red' );
```

选中的最后 1 个 li 标签文字变蓝，效果如图 3-8 所示。

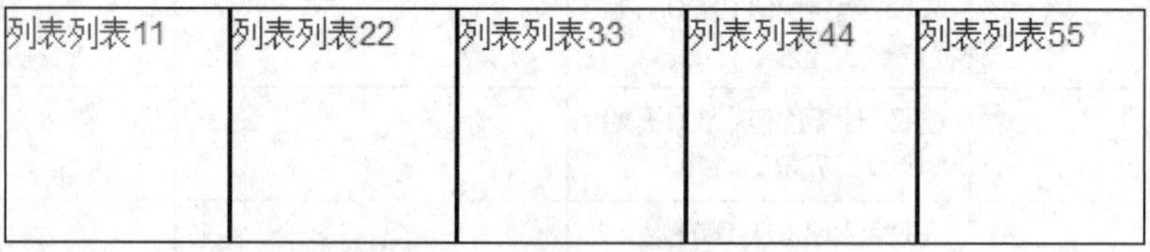

列表列表11	列表列表22	列表列表33	列表列表44	列表列表55

图 3-8　:first 和:last 的选择效果

（3）使用:even 获取到所有索引值为偶数（0、2、4……）的 li。

jQuery 代码如下：

```
$( "li:even" ).css({"color":"red"});
```

这样偶数索引的背景变红，如图 3-9 所示。

（4）使用:odd 获取到所有索引值为奇数（1、3、5……）的 li。

jQuery 代码如下：

```
$( "li:odd" ).css({"color":"red"});
```

这样奇数索引的背景变蓝，如图 3-9 所示。

图 3-9　:even 和:odd 的选择效果

（5）使用:eq(index) 选取到一个给定索引值 2 的 li 的元素。eq 全称是 equal，即 "等于"。
jQuery 代码如下：

```
$("li:eq(2)").css("border", "3px groove blue");
```

这样索引为 2 的边框变蓝，如图 3-10 所示。

（6）使用:gt(index) 选取到索引值大于 2 的所有元素，即索引值为 2、3 的所有元素。gt 全称是
greater than 即 "大于"。

jQuery 代码如下：

```
$("li:gt(2)").css("border", "3px groove red");
```

这样索引大于 2 的边框变红，如图 3-10 所示。

（7）使用:lt(index) 选取到索引值小于 2 的所有元素，即索引值为 0、1 的所有元素。lt 全称是 less
than，即 "小于"。

jQuery 代码如下：

```
$("li:lt(2)").css("color", "#CD00CD");
```

这样索引小于 2 的文字颜色变紫，如图 3-10 所示。

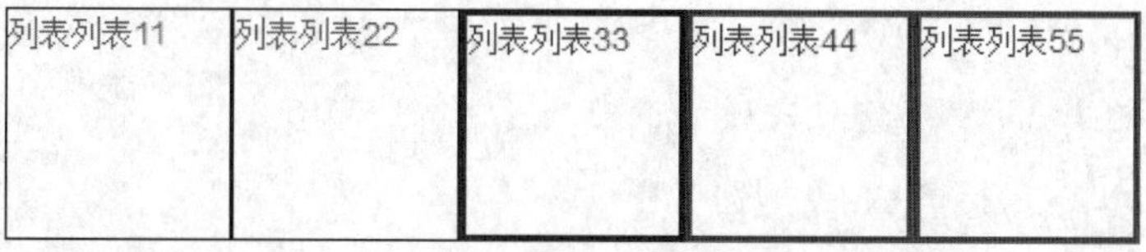

图 3-10　:eq()、:gt()、:lt()选择器示例效果图

（8）使用:not()将网页除了 class 等于 a 的 p 元素外，其他的 P 的文字颜色都设为红色。其 HTML
及 jQuery 代码如【例 3-11】所示。其效果如图 3-11 所示。

【例 3-11】

```
<p class="a">段落 11</p>
<p class="b">段落 22</p>
<p class="c">段落 33</p>
<script type="text/javascript">
$(function(){$( "p:not(.a)" ).css({"color":"red"});})
</script>
```

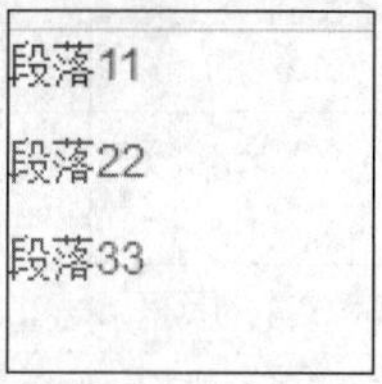

图 3-11　:not()选择器的使用

（9）使用:header 将页面所有标题文字设为红色。其 HTML 及 jQuery 代码如【例 3-12】所示，其效果如图 3-12 所示，其中所有标题标签的文字均变为红色。

【例 3-12】

```
      <h1>标题 11</h1>
      <p>文字文字 11</p>
      <h2>标题 22</h2>
      <p>文字文字 22</p>
<script type="text/javascript">
$(function(){$( ":header" ).css({"color":"red"});})
</script>
```

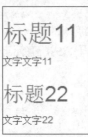

图 3-12 :header 选择器的使用

（10）使用:animated 结合:not()选择器，选取不在执行动画的元素，并使之执行一个动画效果。其 HTML 及 jQuery 代码如【例 3-13】所示。

【例 3-13】

```
   <style type="text/css">
div{  width:100px;  height:100px;  background:red;  position:relative; }
</style>
    <button id="run">Run</button>
    <div></div>
<script type="text/javascript">
   $(function(){
$("#run").click(function(){
   $("div:not(:animated)").animate({ left: "+=100" }, 1000); //每单击一次按钮，使div向右
                             移动100 像素。动画执行时间为1000 毫秒（1 秒）
   });
})
</script>
```

2．内容过滤选择器

具体见表 3-6。

表 3-6 内容过滤选择器

选择器	描述	返回/元素	示例
:contains(text)	选取所有含有文本内容为 text 的元素	集合	$("div:contains('John')")
:empty	选取所有不包含子元素或者文本的空元素	集合	$("div:empty")
:parent	选取所有包含子元素或者文本的元素	集合	$("div:parent")
:has(selector)	匹配含有选择器所匹配的元素的元素	集合	$("div:has(p)")

下面我们将介绍每种内容过滤选择器的使用。

（1）使用:contains(text)选取所有含有 John 的元素。其 HTML 及 jQuery 代码如【例 3-14】所示，其显示效果如图 3-13 所示。包含 John 内容的 div 文字均变为蓝色。

【例 3-14】

```
    <div>John Resig</div>
    <div>George Martin</div>
    <div>My name is John!</div>
    <div>JOHN</div>
<script type="text/javascript">
$(function(){
$( "div:contains('John')" ) .css( 'color','blue' );
    })
</script>
```

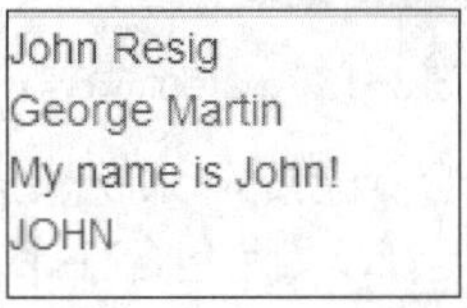

John Resig
George Martin
My name is John!
JOHN

图 3-13　:contains(text)选择器

（2）使用:empty 选取所有不包含子元素或者文本的空元素。其 HTML 及 jQuery 代码如【例 3-15】所示，其显示效果如图 3-14 所示。

【例 3-15】

```
<style type="text/css">
    div{ width:100px; height:100px; border:1px solid #000; float:left; }
    </style>
    <div>内容 11</div>
    <div>内容 22</div>
    <div></div>
    <div>内容 33</div>
    </style>
<script type="text/javascript">
  $(function(){
$( "div:empty" ) .css( 'backgroundColor','blue' );
})
</script>
```

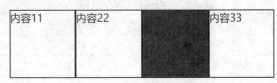

图 3-14　:empty 空元素选择器

（3）使用:parent 选取所有包含子元素或者文本的元素。:parent 与:empty 相反。其 HTML 及 jQuery 代码如【例 3-16】所示，其显示效果如图 3-15 所示。

【例 3-16】

```
<style type="text/css">
div{ width:100px; height:100px; border:1px solid #000; float:left; }
<style>
```

```
        <div>内容 11</div>
        <div>内容 22</div>
        <div></div>
        <div>内容 33</div>
<script type="text/javascript">
$(function(){
$( "div:parent" ) .css( 'backgroundColor','blue' );
})
</script>
```

图 3-15 :parent 选择器

（4）使用:has(selector) 给所有包含 p 元素的 div 元素添加一个 text 类，代码如【例 3-17】所示，其显示效果如图 3-16 所示。第 1 个<div>因为包含有<p>，添加 test 类后文字变为红色。

【例 3-17】

```
<style type="text/css">.test{ color:red;}
    </style>
    <div><p>文字 11</p></div>
    <div>文字 22</div>
<script type="text/javascript >
$(function(){ $( "div:has(p)" ).addClass("test");
)}   // addClass("test")的意思是给所选的元素添加一个名为 test 的 class 类
</script>
```

> 文字11
>
> 文字22

图 3-16 :has(selector)的使用

3. 可见性过滤选择器

具体见表 3-7。

表 3-7 可见性过滤选择器

选择器	描述	返回/元素	示例
:hidden	选取所有不可见元素	集合	$("div:hidden")
:visible	选取所有可见元素	集合	$("div:visible")

下面我们将详细介绍每种可见性过滤选择器的使用。

（1）使用:hidden 选取所有不可见元素，其代码如【例 3-18】所示，效果如图 3-17 所示。第一个<div> 是可见的。

【例 3-18】

```
        <div style="display:none">内容 11</div>           //不可见元素
        <div>内容 22</div>
<script type="text/javascript">
```

```
$(function(){$( "div:hidden" ) .css( 'display','block' );
})
</script>
```

（2）使用:visible 选取所有可见元素，其代码如【例 3-19】所示，效果如图 3-17 所示。两个可见的<div>文字都变为红色。

【例 3-19】

```
    <div style="display:none">内容 11</div>
    <div>内容 22</div>                      //可见元素
<script type="text/javascript">
$(function(){$( "div:visible" ) .css( 'color','red' );
})
</script>
```

内容11
内容22

图 3-17　:hidden 和:visible 选择器

4．属性过滤选择器

具体见表 3-8 所示，attribute 是属性名。

表 3-8　属性过滤选择器

选择器	描述	返回/元素	示例
[attribute]	选取含有此属性的所有元素	集合	$("div[id]")、 $("div[class]")
[attribute = value]	选取所有属性的值为 value 的元素	集合	$("input[name='check1']")
[attribute != value]	选取所有属性的值不等于 value 的元素	集合	$("input[name != 'check1']")
[attribute ^= value]	选取所有属性值以 value 开始的元素	集合	$("input[name^='news']")
[attribute $= value]	选取所有属性值以 value 结尾的元素	集合	$("input[name$='letter']")
[attribute *= value]	选取属性值含有 value 的元素	集合	$("input[name*='man']")
[attrSel1] [attrSel2] [attrSelN]	复合属性选择器，需要同时满足多个条件时使用	集合	$("input[id][name$='man']")

下面我们将详细介绍每种属性过滤选择器的使用。

（1）使用[attribute]选择器选取所有含有 id 属性的 div 元素，设字体颜色为红色，选取所有含有 class 属性的 div 元素，设字体颜色为蓝色。代码如【例 3-20】所示，效果如图 3-18 所示。第 2 行变为蓝色，第 3、4 行变为红色。

【例 3-20】

```
    <div>文字文字 11</div>
    <div class="text1">文字文字 22</div>
    <div id="test2">文字文字 33</div>
    <div id="test3">文字文字 44</div>
<script type="text/javascript">
$(function(){
```

```
        $( "div[id]" ) .css( 'color','red' );
        $( "div[class]" ) .css( 'color','blue' );
    })</script>
```

> 文字文字11
> 文字文字22
> 文字文字33
> 文字文字44

图 3-18　[attribute]选择器示例

（2）使用[attribute = value]与[attribute != value]选取属性 name 为 check1 的所有 input，并使它的 checked 为 true。其代码如【例 3-21】所示，其显示效果如图 3-19 所示。

【例 3-21】

```
        <input type="checkbox" name="check1" />苹果
        <input type="checkbox" name="check1" />香蕉
        <input type="checkbox" name="check2" />西瓜
    <script type="text/javascript">
    $(function(){$( "input[name='check1']" ).attr("checked", true);
        })</script>
```

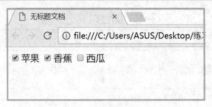

图 3-19　[attribute = value]选择器

如果要选取属性 name 不等于 check1 的所有 input，并使它的 checked 为 true，则修改【例 3-21】中的 jQuery 代码如下：

```
    $( "input[name != 'check1']" ).attr("checked", true);
```

其相应显示效果图如图 3-20 所示。

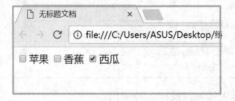

图 3-20　[attribute != value]选择器

（3）使用[attribute ^= value]、[attribute $= value]、[attribute *= value]与[attrSel1][attrSel2][attrSelN]分别选取所有属性值以 news 开始的 input、选取所有属性值以 letter 结尾的 input、选取属性值包含有 man 的所有 input、找到所有含有 id 属性并且其 name 属性是以 man 结尾的 input。其代码如【例 3-22】所示。其显示分别如图 3-21、图 3-22、图 3-23、图 3-24 所示。

【例 3-22】

```
        <input name="newsletter" value="11" />
        <input id="man-news" name="man-news" value="22" />
        <input name="milkman" value="33" />
        <input name="newsboy" value="44" />
```

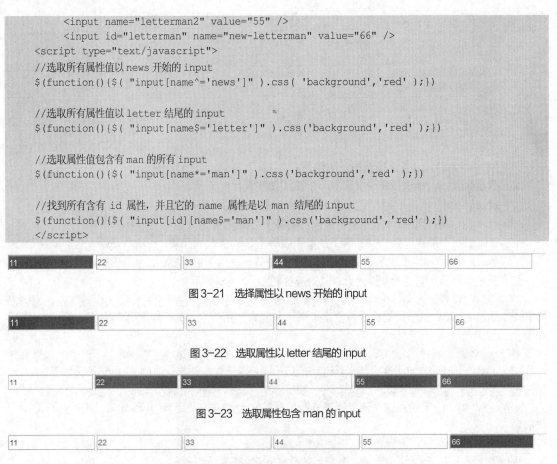

```
        <input name="letterman2" value="55" />
        <input id="letterman" name="new-letterman" value="66" />
<script type="text/javascript">
//选取所有属性值以 news 开始的 input
$(function(){$( "input[name^='news']" ).css( 'background','red' );})

//选取所有属性值以 letter 结尾的 input
$(function(){$( "input[name$='letter']" ).css('background','red' );})

//选取属性值包含有 man 的所有 input
$(function(){$( "input[name*='man']" ).css('background','red' );})

//找到所有含有 id 属性，并且它的 name 属性是以 man 结尾的 input
$(function(){$( "input[id][name$='man']" ).css('background','red' );})
</script>
```

图 3-21　选择属性以 news 开始的 input

图 3-22　选取属性以 letter 结尾的 input

图 3-23　选取属性包含 man 的 input

图 3-24　选择属性含有 id，并且以 man 结尾的 input

5. 子元素过滤选择器
它是非常常用的选择器，其具体说明见表 3-9。

表 3-9　子元素过滤选择器

选择器	描述	返回/元素	示例
:nth-child(index/even/ odd/equation)	选取每个父元素下的第 index（索引值为奇数/偶数/某个表达式）个子元素，index 从 1 开始算起	集合	$("ul li:nth-child(2)")
:first-child	选取每个父元素下的第 1 个子元素	集合	$("ul li:first-child")
:last-child	选取每个父元素下的最后 1 个子元素	集合	$("ul li:last-child")
:only-child	如果某个元素是父元素中唯一的子元素，那将会被匹配，如果父元素中含有其他元素，则不会被匹配	集合	$("ul li:only-child")

若有如【例 3-23】所示代码的网页，下面我们将介绍如何通过子元素过滤选择器，选择这个网页中的元素。

【例 3-23】

```
<ul>
```

```
    <li>文字文字 11</li>              //注意，索引 index 从 1 开始算起
    <li>文字文字 22</li>
    <li>文字文字 33</li>
    <li>文字文字 44</li>
    <li>文字文字 55</li>
  </ul>
  <ul>
    <li>文字文字 66</li>
  </ul>
```

（1）:nth-child()。这类选择器的说明如下。

nth-child(even)：能选取每个父元素下的索引值是偶数的元素

nth-child(odd)：能选取每个父元素下的索引值是奇数的元素

nth-child(2)：能选取每个父元素下的索引值等于 2 的元素

nth-child(3n)：能选取每个父元素下的索引值等于 3 的倍数的元素，n 从 0 开始

nth-child(3n+1)：能选取每个父元素下的索引值等于(3n+1)的元素，n 从 0 开始

如果要选取网页中第 2 个<li>元素，其对应的 jQuery 代码如下：

```
$( "ul li:nth-child(2)" ).css( 'color','red' );
```

（2）:first-child。若使用这个选择器选取每个父元素下第一个<li>元素，则其对应的 jQuery 代码如下：

```
$( "ul li:first-child" ).css( 'color','blue' );
```

（3）:last-child。若使用这个选择器选取最后一个<li>元素，则其对应的 jQuery 代码如下：

```
$(function(){$( "ul li:last-child" ).css( 'color','purple');
```

（4）:only-child。若使用这个选择器选取满足是其父元素唯一子元素的<li>元素，其对应的 jQuery 代码如下：

```
$( "ul li:only-child" ).css( 'color','green' );
```

执行了上述所有 jQuery 语句后，其显示效果如图 3-25 所示。

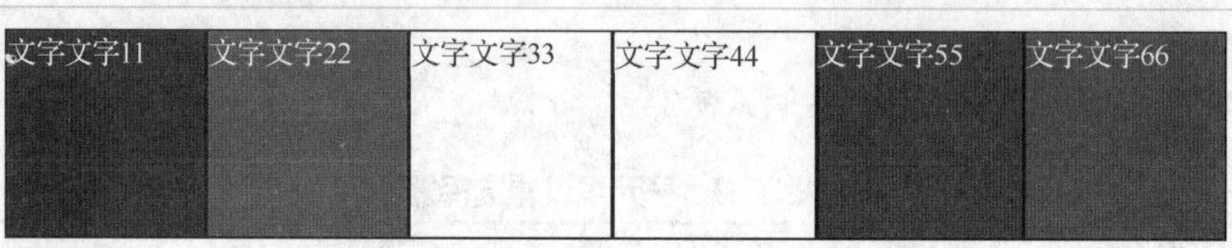

| 文字文字11 | 文字文字22 | 文字文字33 | 文字文字44 | 文字文字55 | 文字文字66 |

图 3-25　子元素过滤选择器的使用

6．表单对象属性过滤选择器

具体见表 3-10。

表 3-10　表单对象属性过滤选择器

选择器	描述	返回/元素	示例
:enabled	选取所有可用元素	集合	$("input:enabled")
:disabled	选取所有不可用元素	集合	$("input:disabled")
:checked	选取所有被选中的元素 （单选框、复选框）	集合	$("input:checked")
:selected	选取所有被选中的选项元素 （下拉列表）	集合	$("select option:selected")

设有网页代码如【例 3-24】所示，则可以分别使用:enabled 选取所有可用 input 元素，使用:disabled 选取所有不可用的 input 元素。

【例 3-24】

```
    <form>
      <input name="email" disabled="disabled" value="文字 11" />
      <input name="id" value="文字 22" />
    </form>
<script type="text/javascript">
//选取所有可用的 input 元素
$(function(){$( "input:enabled" ).css( 'color','red' );})

//选取所有不可用的 input 元素
$(function(){$( "input:disabled" ).css( 'color','red' ); })
</script>
```

若要使用:checked 选取【例 3-25】所示的网页中所有选中的复选框元素，其代码如【例 3-25】所示。

【例 3-25】

```
    <form>
      <input type="checkbox" name="newsletter" checked="checked" value="Daily" />
      <input type="checkbox" name="newsletter" value="Weekly" />
      <input type="checkbox" name="newsletter" checked="checked" value="Monthly" />
    </form>
<script type="text/javascript">
$(function(){$( "input:checked" ).attr('checked',false);})
</script>
```

如果要使用:selected 匹配【例 3-26】中所有选中的 option 元素，其代码如【例 3-26】所示。

【例 3-26】

```
    <select>
      <option value="1">下拉列表 11</option>
      <option value="2" selected="selected">下拉列表 22</option>
      <option value="3">下拉列表 33</option>
    </select>
<script type="text/javascript">
$(function(){$( "select option:selected" ).css( 'color','red' );})
</script>
```

7. 表单选择器

具体说明见表 3-11。

表 3-11　表单选择器

选择器	描述	返回/元素	示例
:input	选取所有表单元素：<input>、<textarea>、<select>、<button>	集合	$(':input')
:text	选取所有的单行文本框，即 type=text	集合	$(':text')
:password	选取所有的密码框，即 type=password	集合	$(':password')
:radio	选取所有的单选框，即 type=radio	集合	$(':radio')
:checkbox	选取所有的多选框，即 type=checkbox	集合	$(':checkbox')
:submit	选取所有的提交按钮，即 type=submit	集合	$(':submit')

续表

选择器	描述	返回/元素	示例
:image	选取所有的图像按钮，即 type=image	集合	$(':image')
:reset	选取所有重置按钮，即 type=reset	集合	$(':reset')
:button	选取所有普通按钮，即 button 元素	集合	$(':button')
:file	选取所有文件按钮，即 type=file	集合	$(':file')
:hidden	选取所有不可见元素，即 type=hidden	集合	$(':hidden')

设有包含表单的网页，其代码如【例 3-27】所示。

【例 3-27】

```
<form>
    <input type="button" value="input 按钮"/>
    <input type="checkbox" />复选框

    <input type="file" />
    <input type="hidden" />
    <input type="image" />

    <input type="password" />

    <input type="radio" name="sex" value="男" />男
    <input type="radio" name="sex" value="女" />女

    <input type="reset" />
    <input type="submit" />
    <input type="text" value="111" />
    <select><option>文字</option></select>

    <textarea>文字文字</textarea>
    <button>按钮</button>
</form>
```

则使用以下 jQuery 语句可获取指定的表单元素：

```
$( ":input" ).size();                //获取所有表单元素
$( ":text" ).size();                 //获取所有文本框元素
$( ":password" ).size();             //获取所有密码栏元素
$( ":radio" ).size();                //获取所有单选框元素
$(":radio[name=sex]").eq(1).val()    //获取到 name 为 sex，并且索引值为 1 的单选框
$( ":checkbox " ).size();            //获取所有复选框元素
$( ":submit " ).size();              //获取所有提交按钮元素
$( ":image " ).size();               //获取所有表单元素
$( ":reset " ).size();               //获取所有重置按钮元素
$( ":button " ).size();              //获取所有普通按钮元素
$( ":file " ).size();                //获取所有文件按钮元素
$( "form:hidden " ).size();          //获取所有隐藏字段元素
```

3.2.4 筛选选择器

筛选选择器是将匹配元素集合缩减为集合中指定位置的元素，写在选择函数之外，用"."复合

成一个函数，使用时要区别过滤选择器中的:eq(index)、:first、:last 的使用，其具体说明如表 3-12 所示。

表 3-12　筛选选择器

选择器	描述	示例
eq(index/-index)	选取索引（从 0 算起）为 index 的元素	$("ul li").eq(2)
first()	选取第一个元素	$("ul li").first()
last()	选取最后一个元素	$("ul li").last()

设有如【例 3-28】所示的网页，则可通过相应的筛选选择器获取需要的元素。

【例 3-28】

```
<ul>
      <li>列表列表 11</li>
      <li>列表列表 22</li>
      <li>列表列表 33</li>
      <li>列表列表 44</li>
      <li>列表列表 55</li>
</ul>
```

可使用以下 jQuery 语句可获取指定的表单元素，例如：

```
$( "ul li" ).eq(2).css( 'color','red' );            //选取索引值为 2 的 li 元素
$( "ul li" ).first().css( 'color','blue' );          //选取第一个 li 元素
$( "ul li" ).last().css( 'color','yellow' );         //选取最后一个 li 元素
```

若要使用 eq 选择器，则要写成以下形式，这样获取到的 index 才是变量：

```
:eq("+index+")
```

比如对【例 3-28】运行以下 jQuery 代码，可得到如图 3-26 所示的显示效果。

```
var index=0;
//$("li").first().css("background","red")              //选择第一个 li
//$("li:eq(index)").css("background","red")             //错误，无法选中
$("li:eq("+index+")").css("background","red")          //正确，可以选中，索引为 0 的变红
$("li:eq("+(index+1)+")").css("background","blue")     //正确，索引为 1 的变蓝
$("li").eq(index+2).css("background","blue")           //正确，索引为 2 的变蓝
$("li").last().css("background","green")               //选择最后一个 li
```

图 3-26　.eq() 与 :eq() 的区别

3.3　jQuery 控制属性与类

3.3.1　控制属性 attr

jQuery 可以对元素本身的属性进行操作，包括获取属性的属性值，设置属性的属性值，也可以删掉属性。

attr()和 removeAttr()分别用于设置与删除属性，具体参考表 3–13。

表 3–13　attr()和 removeAttr()

语法	描述
attr('属性')	获取属性的值
attr('属性名','属性值')	设置属性的值
attr(属性名:'属性值', 属性名:'属性值'…)	设置多个属性和对应的属性值
attr('属性名',function(index,oldAttr){})	设置属性的函数值 index：可选。接受选择器的 index 位置 oldAttr：可选。为原先的属性值
removeAttr()	删除属性

设有 HTML 网页如【例 3–29】所示，其显示如图 3–27 所示。

【例 3-29】

```
<input type="button" value="点击" />
```

点击

图 3-27　原效果图

使用以下 jQuery 语句可获取并设置指定的属性：

```
alert($("input").attr("value"));        //获取指定属性。1 个参数是显示属性的值，输出为"点击"
$("input").attr("value","新的点击");    //设置属性值。把原 value 从"点击"设置为"新的点击"
$("input").attr("value",function(){return "新的点击2"});   //通过函数设置属性
```

设置后的按键效果如图 3–28 所示。

新的点击2

图 3-28　点击后通过函数设置属性

还可使用以下 jQuery 语句删除指定属性：

```
$("input").removeAttr("value");    //删除 input 的 value 属性
```

设有 HTML 网页，其代码如【例 3–30】所示。

【例 3-30】

```
<img title="图片" src="img/1.jpg" />
```

可以通过以下 jQuery 语句设置对象的属性：

```
//设置多个属性，方法是使用大括号{}，里面使用键值对形式设置属性与值
    $("img").attr({src:'img/3.jpg',title:'第3张图片'});   //设置图片的 src 和 title 属性值
//传参函数
    $("img").attr("title",function(i,val){
        return '第'+(i+1)+'张'+val;
    });   //title="第1张图片"，i 为 img 的索引值 0，val 为 img 原先的 title 属性值
```

3.3.2　控制 CSS 类

jQuery 可以对 CSS 类进行操作，包括 addClass()添加类、removeClass()删除类、toggleClass()切换类。

（1）addClass()与 removeClass()，用于 CSS 类的添加、删除，具体如表 3-14 所示。

表 3-14 控制 CSS 类

语法	描述
.addClass('class 类名')	动态添加一个或多个 class 类名（多个用空格隔开）
.addClass(function(index, oldClass){})	这个函数返回一个或多个用空格隔开的 class 类名 index：可选。接受选择器的 index 位置 oldClass：可选。接受选择器的原先的类
.removeClass('class 类名')	每个匹配元素移除的一个或多个用空格隔开的样式名
.removeClass(function(index, oldClass){})	这个函数返回一个或多个将要被移除的样式名

设有 HTML 网页，其代码如【例 3-31】所示，效果如图 3-29 所示。

【例 3-31】

```
    <ul>
        <li>Hello</li>
        <li class="text2">Hello</li>
        <li>Hello</li>
    </ul>
<style type="text/css">
.text{ background:red; }
.text2{ background:blue; }
</style>
```

图 3-29 原图效果

可添加如下 jQuery 代码增加、删除 CSS 类，最后的效果如图 3-30 所示。

```
$( 'ul li:first' ).addClass( 'text' );      //动态添加类，第一个<li>背景会变成红色
$( 'ul li:last' ).addClass(function() {     //函数添加类
    return 'text' + $(this).index();        //给最后一个 li 添加类名：class="text2"
});          //最后一个<li>背景会变成蓝色
$( 'ul li' ).eq(1).removeClass('text2');    //删除类，索引为 1 的第 2 个<li>的原蓝色背景会消失。
```

图 3-30 添加 JS 代码后的效果图

上面的例子中，如果没有样式名作为参数，如：$('ul li').eq(1).removeClass();，那么所有的样式类将被移除。

（2）toggleClass()，用于选中类的切换，具体说明如表 3-15 所示。

表 3-15 toggleClass()

语法	描述
.toggleClass('class 类名')	对被选元素的一个或多个类进行切换 （如果不存在则添加类，如果存在则删除）
.toggleClass('class 类名', switch)	switch：布尔值，可选。例：true 表示添加该 class 名，如果有就不会添加类名，也不删除，如果没有则会添加类名；false 表示删除该 class（通过使用"switch"参数，能够规定只删除或只添加类）
.toggleClass(function(index,oldClass){},switch)	使用函数切换类 switch：同上，可选。布尔值。规定是否添加或移除 class index：可选。接受选择器的 index 位置 oldClass：可选。接受选择器的原先的类

① .toggleClass('class 类名')可用于对被选元素的一个或多个类进行切换。如【例 3-32】所示，单击按钮可切换段落的 "main" 类。

【例 3-32】

```
    <p>文字文字</p>
    <p>文字文字</p>
    <button class="btn1">切换段落的"main"类</button>
<style type="text/css">.main{ font-size:120%; color:red; }
<script type="text/javascript">
$(function(){
    $("button").click(function(){
        $("p").toggleClass("main");
        });
    });
</script>
```

② 还可以通过.toggleClass(function(index,oldClass){},switch)使用函数切换类，如【例 3-33】所示，单击按钮可切换段落的"main"类，效果如图 3-31 所示。

【例 3-33】

```
    <ul>
        <li>列表 11</li>
        <li>列表 22</li>
        <li>列表 33</li>
        <li>列表 44</li>
    </ul>
    <button class="btn1">添加或移除列表项的类</button>
<style type="text/css">
    .list_1, .list_3{ color:red; }
    .list_0, .list_2{ color:blue; }
</style>
<script type="text/javascript">
$(function(){
    $("button").click(function(){
        $('ul li').toggleClass(function(){
            return 'list_' + $(this).index();
        });
    });
    </script>
```

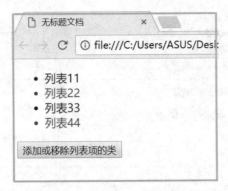

图3-31 toggleClass()函数切换类图

3.4 事件处理与应用举例

3.4.1 jQuery常用事件

jQuery的事件跟JavaScript类似,但不同的是,jQuery事件的前面没有on。常用的事件可分为鼠标事件、表单事件、事件的绑定和解绑。通过事件处理,我们能更快地实现与页面的交互操作。

1. 鼠标事件

常见鼠标事件如表3-16所示。

表3-16 常用鼠标事件

事件	描述
click()	触发每一个匹配元素的鼠标单击事件
dblclick()	触发鼠标双击事件
mousedown()	按下鼠标时触发事件
mouseup()	松开鼠标时触发事件
mousemove()	通过鼠标指针在元素上移动来触发
mouseover()	鼠标指针移入事件
mouseout()	鼠标指针移出事件
mouseenter()	当鼠标指针穿过元素时触发的事件
mouseleave()	当鼠标指针离开元素时触发的事件
hover()	鼠标指针进入和离开元素时触发的事件

(1)鼠标点击事件click()与dblclick()事件

【例3-34】是给页面的两个button元素分别绑定鼠标单击事件和双击事件,触发p元素的显示和隐藏,效果如图3-32所示。

【例3-34】

```
<p>显示隐藏这段文字</p>
<button>单击按钮</button>
<button>双击按钮</button>
jQuery代码如下:
$("button").eq(0).click( function () {          //单击鼠标事件
          $('p').toggle();
```

```
                });
$("button").eq(1).dblclick( function () { //双击鼠标事件
                $('p').toggle();
            });
```

图 3-32   click()与 dblclick()事件

（2）鼠标按下与松开事件 mousedown()与 mouseup()

【例 3-35】是事件 mousedown()与 mouseup()的实例，给两个 button 元素分别绑定按下鼠标事件和松开鼠标事件触发 p 元素的显示和隐藏。

【例 3-35】

```
        <p>显示隐藏这段文字</p>
        <button>按下鼠标按钮</button>
        <button>松开鼠标按钮</button>
<script type="text/javascript">$(function(){    //按下鼠标
$("button").eq(0).mousedown( function () {
                $('p').toggle();
            });
})
$(function(){$("button").eq(1).mouseup( function () {
                $('p').toggle();
            });
})
```

（3）鼠标移动事件 mousemove()

【例 3-36】是通过鼠标移动事件 mousemove()获得鼠标指针在页面中的位置的一个实例，其效果图如图 3-33 所示。

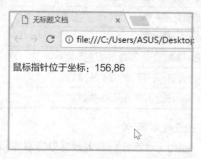

图 3-33   mousemove()事件

【例 3-36】

```
        <p>鼠标指针位于坐标: </p>
<script type="text/javascript">
$(function(){
    $(document).mousemove(function(e){
        $("p").text('鼠标指针位于坐标: '+e.pageX+','+e.pageY);
    });
```

```
        })
    </script>
    // pageX: 相对于文档的左边缘的距离，e.pageX = e.clientX。
        pageY: 相对于文档的上边缘的距离，e.pageY = e.clientY。
            //e: 为事件对象，是用来记录一些事件发生时的相关信息的对象。事件对象只有事件发生时才会产生，并且只
                能是事件处理函数内部访问，在所有事件处理函数运行结束后，事件对象即被销毁。
```

（4）鼠标指针移入及移出事件 mouseover()与 mouseout()

【例 3-37】统计了鼠标指针移入指定区域触发移入事件的次数，效果图如图 3-34 所示。

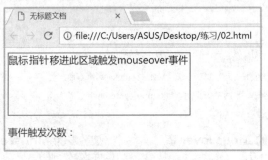

图 3-34　mouseover()与 mouseout()

【例 3-37】

```
        <div>鼠标指针移进此区域触发 mouseover 事件</div>
        <p>事件触发次数：</p>
    <style type="text/css">div{ width:300px; height:100px; border:1px solid #F00; }
    <script type="text/javascript">$(function(){
        $(function(){
            var n=0;
                $('div').mouseover(function(e){
                    $("p").text('事件触发次数：'+(++n));
                });
            });
```

（5）鼠标指针穿过及移入事件 mouseenter()与 mouseover()

mouseenter()、mouseleave()与 mouseover()、mouseout()功能相似但有所区别。【例 3-38】是 mouseenter()和 mouseover()的区别的一个示例，显示效果如图 3-35 所示。

【例 3-38】

```
        <p>不论鼠标指针穿过被选元素或其子元素，都会触发 mouseover 事件。</p>
        <p>只有在鼠标指针穿过被选元素时，才会触发 mouseenter 事件。</p>
        <div class="over">
            <h2>被触发的 Mouseover 事件次数：<span></span></h2>
        </div>
        <div class="enter">
            <h2>被触发的 Mouseenter 事件次数：<span></span></h2>
        </div>
    <style type="text/css">
        .over{ background:lightgray; padding:20px; width:40%; float:left; }
        .enter{ background:lightgray; padding:20px; width:40%; float:right; }
        h2{ background:#FFF; }
        </STYLE>
    <script type="text/javascript">
        $(function(){
```

```
        var x=0;
        var y=0;
        $("div.over").mouseover(function(){
            $(".over span").text(x+=1);
        });
        $("div.enter").mouseenter(function(){
            $(".enter span").text(y+=1);
        });
    });
    </script>
```

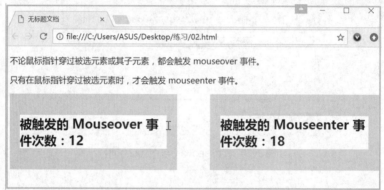

图 3-35　mouseenter()事件和 mouseover()的区别

根据上面代码，读者可以类似地测试出 mouseout() 与 mouseleave() 的区别。

（6）hover()方法

hover()方法相当于同时绑定 mouseenter 和 mouseleave 事件。只需要在 hover 方法中传递两个回调函数就可以实现切换效果，而不需要显式地绑定两个事件。其基本语法如下：

```
.hover( function1,function2 )
```

其中，function1 表示当鼠标指针进入元素时触发执行的事件函数，function2 表示当鼠标指针离开元素时触发执行的事件函数。

当鼠标指针移动到一个匹配的元素上面时，会触发指定的第 1 个函数。当鼠标指针移出这个元素时，会触发指定的第 2 个函数。

【例 3-39】是 hover 方法使用的一个示例。图 3-36 与图 3-37 所示分别是鼠标指针移入和移出时触发的显示效果。

【例 3-39】

```
<script src="js/jquery-1.11.2.min.js"></script>
<style type="text/css">p{ padding:20px; width:200px; height:50px; border:1px solid
#000; }</style>
<p>触发 hover 事件</p>
<script type="text/javascript">
$(function(){
    $("p").hover(
        function() {
            $(this).css("background", 'red');
        },
        function() {
            $(this).css("background", 'blue');
        }
```

```
    );
});
</script>
```

图 3-36　hover 事件 1

图 3-37　hover 事件 2

2．表单事件

常见表单事件如表 3-17 所示。

表 3-17　常用表单事件

事件	描述
focus()	当元素获得焦点时，触发事件
blur()	当元素失去焦点时，触发事件
focusin()	当元素获得焦点时，触发事件 focusin 事件与 focus 事件的区别在于：focusin 事件可以在父元素上检测子元素获取焦点的情况
focusout()	当元素失去焦点时，触发事件 focusout 事件与 blur 事件的区别在于：focusout 事件可以在父元素上检测子元素失去焦点的情况
change()	当元素的值发生改变时触发事件
select()	当 textarea 或文本类型的 input 元素中的文本被选择时，会发生 select 事件
submit()	当提交表单时，会发生 submit 事件

下面我们通过实例演示这些事件的使用。

（1）focus()、blur() 与 focusin()、focusout() 方法。这些都是与元素获得及失去焦点相关的方法。【例 3-40】演示了 focus() 与 focusin()、focusout() 方法的联系和区别。

【例 3-40】

```
    <p><input type="text" />文本框</p>
    <p><input type="password" />密码框</p>
<script type="text/javascript" >
$(function(){
    $('input').eq(0).focus(function(){
        $(this).css('backgroundColor','pink');
        });
$('input').eq(0).blur(function(){
    $(this).css('backgroundColor','gray');
    });

$('p').eq(1).focusin(function(){      //focusin 可以在父元素上检测子元素获取焦点的情况
```

```
        $('input').eq(1).css('backgroundColor','red');
        });
    $('p').eq(1).focusout(function(){      //focusout 可以在父元素上检测子元素失去焦点的情况
        $('input').eq(1).css('backgroundColor','yellow');
        });
    })</script>
```

（2）change()是当元素的值发生改变时触发的事件。【例 3-41】是 change()方法使用的一个示例，其页面显示效果如图 3-38 所示。

【例 3-41】

```
        <p>当某些文本域发生改变时，可以通过 change 事件去监听这些改变的动作</p>
        名字：<input class="field" type="text" />
        <p>水果：
          <select class="field" name="fruits">
              <option value="apple">苹果</option>
              <option value="orange">橙子</option>
              <option value="banana">香蕉</option>
              <option value="grape">葡萄</option>
          </select>
        </p>
        <textarea class="field" rows="3" cols="20">多行的文本输入控件</textarea>
        <p>输出结果：<span></span></p>
<script type="text/javascript">
$(function(){      //当输入域发生变化时改变其背景颜色
        $(".field").change(function(e){
            $(this).css("backgroundColor","#FFFFCC");
            $('span').html(e.target.value);
        });
    })</script>
```

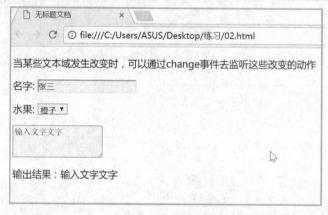

图 3-38　change()事件

（3）select()。当 textarea 或文本类型的 input 元素中的文本被选择时，会发生 select 事件。注意 select 事件只能用于<input>元素与<textarea>元素。

【例 3-42】是使用 select()的一个示例，其显示效果如图 3-39 所示。

【例 3-42】

```
<input class="text1" type="text" value="input: 选中文字" /><br /><br />
<textarea class="text1" rows="3" cols="20">textarea:用鼠标选中文字</textarea><br /><br />
```

```
<span>触发 select 事件：</span>
<script type="text/javascript">
$(function(){
    $(".text1").select(function(e){
     $('span').html('触发 select 事件：'+e.target.value);
     });
  })</script>
```

图 3-39　select 事件

（4）submit()事件当提交表单时触发。该事件只适用于表单元素。

【例 3-43】是 submit()的一个使用示例。

【例 3-43】

```
    <form name="input" action="" method="get">
         姓名：<input type="text" name="FirstName" value="张三" size="20">
         <br />
         密码：<input type="password" name="LastName" value="123" size="20">
         <br />
         <input type="submit" value="Submit">
    </form>
<script type="text/javascript">$(function(){
    $("form").submit( function () {
        alert('submit');
    });
  })</script>
```

3. 事件的绑定和解绑

具体如表 3-18 所示。

表 3-18　事件的绑定和解绑

事件	描述
on()	绑定事件
off()	移除绑定

诸如鼠标点击事件，或鼠标移入移出事件等等，都是直接给元素绑定一个处理函数，这些事件都是属于快捷处理，同样也可以使用 on()方法给指定的元素绑定事件。其基本语法如下：

```
.on( events ,[ selector ] ,[ data ],function )
```

其中 events 表示事件，用一个或多个空格分隔事件类型和可选的命名空间，如"click"。selector 表示选择器，一个选择器字符串用于过滤器的触发事件的选择器元素的后代。如果选择的为 null 或省略，当它到达选定的元素，事件总是触发。data 表示名字空间，当一个事件被触发时要传递 event.data 给事件处理函数。function 是该事件被触发时执行的函数。false 值也可以作为一个函数的简写，将直接返回 false。

例如，如果要对一个按键绑定单击事件，可使用类似如下的语句：

```
$('button').click(function(){})
```

也可以使用 on 方式，类似如下的语句：

```
$('button').on('click',function(){})
```

若多个事件绑定同一个函数，可以使用类似如下的语句：

```
$('button').on("mouseover mouseout",function(){});
```

也可通过类似如下的方式把多个事件绑定不同函数：

```
$('button').on({
    mouseover:function(){},
    mouseout:function(){}
});
```

通过 data 参数，可以将数据传递给事件处理函数，例如：

```
$( 'button' ).on( 'click', {
    address: "广州"
}, function(e){
    alert( "地址: " + e.data.address ); //地址: 广州
});
```

还可以使用 selector 参数，通过事件委托机制实现事件委托。例如以下语句给 body 绑定一个 click 事件，没有直接将 p 元素绑定点击事件，而是通过委托机制，点击 p 元素的时候，事件才触发。

```
$('body').on('click', 'p', function() {});
```

与 on 绑定事件的特性类似，off 方法也可以通过相应的传递组合的事件名、名字空间、选择器或处理函数来移除绑定在元素上指定的事件处理函数。例如以下代码是移除绑定的不同方式：

```
$('button').off();                          //删除所有事件（不传参）
$('button').off('mousedown');               //删除一个事件
$('button').off('mousedown mouseup');       //删除多个事件
```

3.4.2　jQuery 的动画效果与应用

通过 jQuery 的动画效果，我们可以制作出类似以下的动画效果：隐藏和显示、上下滑动、淡入淡出等，也可以通过自定义动画去完成一些需要的动画效果。

1．基本动画效果

基本动画效果实现相关的方法如表 3-19 所示。

表 3-19　基本动画效果

效果	方法	描述
显示和隐藏	show()	显示被选元素
	hide()	隐藏被选元素
	toggle()	对被选元素切换显示与隐藏
上下滑动显示和隐藏	slideDown()	控制元素高度，在指定时间内从 display:none 延伸至完整的高度
	slideUp()	控制元素高度，在指定时间内从下至上缩短至 display:none
	slideToggle()	对被选元素进行滑动隐藏和滑动显示的切换

续表

效果	方法	描述
淡入淡出	fadeout()	淡出被选元素至完全透明
	fadeIn()	淡入被选元素至完全不透明
	fadeToggle()	淡入淡出切换
	fadeTo()	把被选元素减弱至给定的不透明度
自定义动画	animate()	对被选元素应用"自定义"的动画
	stop()	停止动画

这些方法也可以传参，如以下形式：

```
show( speed,callback )
hide( speed,callback )
toggle( speed,callback
slideDown( speed,callback )
slideUp( speed,callback )
slideToggle( speed,callback )
fadeOut( speed,callback )
fadeIn( speed,callback )
```

其中 speed 是隐藏或显示的速度，即过渡时间，默认为"0"，可使用 3 种预定速度（"slow","normal", or "fast"），也可使用表示动画时长的毫秒数值（如：1000）。

callback 是在动画完成后要执行的函数。

speed 和 callback 都是可选参数。

【例 3-44】是使用普通方式、滑动方式、淡入淡出 3 种方式显示或隐藏 p 元素的示例，其显示效果如图 3-40 所示。注意在运行这个例子时，每次只分别调用对应的方法，而隐藏其他的方法。

图 3-40　显示和隐藏

【例 3-44】

```
    <button class="btn1">隐藏</button>
    <button class="btn2">显示</button>
    <button class="btn3">显示/隐藏</button>
    <button class="btn4">传参隐藏/显示</button>
    <p>显示和隐藏这段文字! </p>
//普通显示和隐藏
<script type="text/javascript">
$(function(){
    $('.btn1').click(function(){
        $('p').hide();
    });
    $('.btn2').click(function(){
        $('p').show();
    });
    $('.btn3').click(function(){
        $('p').toggle();
```

```
        });
        $('.btn4').click(function(){
            $('p').toggle(2000,function(){alert('2000 毫秒执行完毕!!! ');});
        });
    })
//上下滑动效果显示和隐藏。滑动效果只改变元素的高度
$(function(){
    $('.btn1').click(function(){
            $('p').slideUp();
    });

    $('.btn2').click(function(){
            $('p').slideDown();
    });

    $('.btn3').click(function(){
            $('p').slideToggle();
    });

    $('.btn4').click(function(){
            $('p').slideToggle(2000,function(){alert('2000 毫秒执行完毕!!! ');});
    });
})
//淡入淡出效果。fadeTo( speed,opacity,callback )可传 3 个参数。其中 opacity 是必需的，规定要淡入或
淡出的透明度，必须是介于 0.00 与 1.00 之间的数字
$(function(){
    $('.btn1').click(function(){
            $('p').fadeOut();
    });

    $('.btn2').click(function(){
            $('p').fadeIn();
    });

    $('.btn3').click(function(){
            $('p').fadeToggle();
    });

    $('.btn4').click(function(){
            $('p').fadeTo(2000,0.4);
    });
})
</script>
```

动画切换时，可以分别通过 toggle()、slideToggle()和 fadeToggle()设置显示或隐藏效果。这 3 个方法的具体使用如下。

- toggle()：隐藏时，从下到上，从右到左，从不透明到透明同时进行。显示同理。
- slideToggle()：隐藏时，从下至上以拉卷效果隐藏元素。显示同理。
- fadeToggle()：通过改变透明度逐渐显示或隐藏元素。

【例 3-45】演示了与动画切换相关的方法的使用，其效果类似图 3-41 所示。

【例 3-45】

```
<h2>toggle 与 slideToggle 以及 fadeToggle 的比较</h2>
```

```
动画切换：
<select id="animation">
    <option value="1">toggle</option>
    <option value="2">slideToggle</option>
    <option value="3">fadeToggle</option>
</select>
<input id="btn" type="button" value="单击切换" />
<p>测试文字 3 种显示隐藏切换效果</p>
<p>测试文字 3 种显示隐藏切换效果</p>
<style type= "text/css">p{ background:#F93;  padding:50px; }</style>
<script type="text/javascript">$(function(){
    $("#btn").click(function() {
        var v = $("#animation").val();
        if (v == "1") {
                $("p").toggle(300);
        } else if (v == "2") {
                $("p").slideToggle("slow");
        } else if (v == "3") {
                $("p").fadeToggle(1000, "linear");
        }
    });
})</script>
```

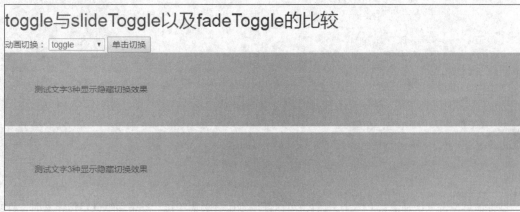

图 3-41　动画切换的比较

2. 自定义动画

如果开发者需要根据自己的需求来定制各种不同的动画，只使用前面学习的几个基本动画函数还是不够的，可能还需要用到 animate()方法。animate()方法的基本语法如下：

```
animation( {params},speed,callback )
```

其中，params 是必选参数，规定产生动画效果的 CSS 样式和值。比如常见的包括宽度（width）、高度（height）、透明度（opacity）、位置（left 或者 top 属性）等。要注意以下使用事项。

（1）所有 params 需使用花括号 "{}" 括起来。

（2）花括号 "{}" 里各个属性需用逗号隔开。

（3）使用 animate()时，必须用驼峰标记法书写所有的属性名，比如用 marginLeft 代替 margin-left，fontSize 代替 font-size，等等。

（4）当使用位置属性时，如 left 或者 top 属性，默认情况下，HTML 元素都是静态的，是无法移动的，因此需要把要移动的元素的 CSS 的 position 属性设为 relative、absolute 或 fixed。

speed 是可选参数，设置执行动画所持续的时间，以毫秒为单位，可使用 3 种预定速度之一的字符串（"slow"、"normal"、or"fast"）或表示动画时长的毫秒数值（如 1000）。

callback 是回调函数，动画执行完成之后，要执行的函数。

【例 3-46】是一个自定义动画设置及实现的例子。读者可以分别测试以下的脚本。执行动画之前和之后的效果如图 3-42 和图 3-43 所示。

图 3-42　执行动画之前　　　　　　　　　图 3-43　执行动画之后（div 向右移动 300px）

【例 3-46】

```
    <button>开始动画</button>
    <div>执行动画! </div>
<style type="text/css">
    div{ width:100px; height:100px; background:red; position:relative; }
</style>
<script type="text/javascript">
//简单的单一动画:使div往右移动,需更改位置left属性。(div的CSS样式需设置position属性设为relative、
absolute或fixed。)
$(function(){
    $('button').click(function(){
        $('div').animate({
            left:'300px'
        });
    });
})
</script>
```

属性值的单位默认是像素（px），有时也可以使用 em 或%为单位。当采用默认单位像素时，单位也可以省略，例如 left:300。除了定义数值以外，属性还可以使用'show'、'hide'和'toggle'这些参数，这些快捷方式以动画的方式来隐藏和显示所指定的属性，例如可通过 toggle 参数切换高度。可修改【例 3-46】的代码如下面的【例 3-47】所示。

【例 3-47】

```
$(function(){
    $('button').click(function(){
        $('div').animate({
            height:'toggle'
        });
    });
})
```

【例 3-46】中，当 div 通过 left 属性移动到距离左边 300px 的位置之后，再单击"开始动画"按钮，因为 div 已经距离左边 300px 的位置了，所以位置将不会发生变化，如果想要每单击一次都在现有的位置上继续向右移动相同的距离，可以修改代码如以下的【例 3-48】所示。

【例 3-48】
```
$(function(){
    $('button').click(function(){
        $('div').animate({
            left:'+=300px'
        });
    });
})
```
【例 3-46】中，还可以按照自己的需求，同时执行多个动画。花括号内每个属性需用逗号隔开。比如可修改代码如【例 3-49】所示。

【例 3-49】
```
$(function(){
$('button').click(function(){
    $('div').animate({
        left:'200px',
        width:'250px',
        top:'300px',
        opacity:'0.6',
        fontSize:'36px'
    });
    });
})
```
如果想要的是顺序执行多个动画，而不是同时执行多个动画，可以修改代码如【例 3-50】所示。

【例 3-50】
```
$(function(){
    $('button').click(function(){
            $('div').animate({left:'200px'});
            $('div').animate({width:'250px'});
            $('div').animate({top:'300px'});
            $('div').animate({opacity:'0.6'});
            $('div').animate({fontSize:'36px'});
    });
})
```
因为多个动画都是对同一个对象进行的操作，可以简写为【例 3-51】所示。

【例 3-51】
```
$(function(){
    $('button').click(function(){
            $('div').animate({left:'200px'})
                    .animate({width:'250px'})
                    .animate({top:'300px'})
                    .animate({opacity:'0.6'})
                    .animate({fontSize:'36px'});
    });
})
```
可以通过 speed 参数给动画设定一个过渡时间，例如，如果要把【例 3-46】中的<div>的宽度在 3000 毫秒之内变为 400px，可以修改代码如【例 3-52】所示。

【例 3-52】
```
$(function(){
    $('button').click(function(){
        $('div').animate({
```

```
            ,width:'400px'
        },3000);
    });
})
```

动画执行完成之后，可通过添加回调函数设置要执行的函数，如【例3-53】所示。

【例3-53】

```
$(function(){
$('button').click(function(){
    $('div').animate({
        width:'400px'
    },3000,function(){
        alert('宽度动画执行完毕！');
    });
  });
})
```

动画在执行过程中，可以通过stop()方法停止。其基本语法如下：

```
stop( [clearQueue],[jumpToEnd] )
```

其中，参数clearQueue是布尔值，是可选参数，其值是true或false，可以设置是否立即结束动画。参数jumpToEnd也是布尔值，是可选参数，其值是true或false，可以设置是否立即完成动画。

因为参数clearQueue和jumpToEnd都是可选参数，可以分为以下几种形式。

（1）stop()——停止当前动画，然后进入下一个动画。

（2）stop(true)——停止所有动画，瞬间停止并保持当前状态。

（3）stop(false,true)——停止当前动画，然后跳转到当前动画的终点，并进入下一个动画。

（4）stop(true,true)——停止所有动画，并跳转到当前动画的终点，并保持此终点状态。

【例3-54】是这几种不同形式的示例。可单击观察这4种不同的停止动画效果，其效果图如图3-44所示。

图3-44　stop()停止动画

【例3-54】

```
<button>执行动画</button>
<select id="animation">
    <option value="1">stop()</option>
    <option value="2">stop(true)</option>
    <option value="3">stop(false,true)</option>
    <option value="4">stop(true,true)</option>
</select>
<button>停止动画</button><br />
<h2>stop</h2>
```

```
        <div>内部动画</div>
<style type="text/css">
    div{ width:100px; height:100px; background:red; position:relative; }
</style>
<script type="text/javascript">
$(function(){
    $('button:last').click(function() {
        var v = $("#animation").val();
        if (v == "1") {
            $('div').stop()
        } else if (v == "2") {
            $('div').stop(true)
        } else if (v == "3") {
            $('div').stop(false,true)
        } else if(v=="4") {
            $('div').stop(true,true)
        }
    });
})
</script>
```

3.5　操作 DOM 对象

如第 2 章所述，DOM（Document Object Model，文档对象模型）是一种与浏览器、平台、语言无关的接口，使用该接口可以轻松地访问页面中所有的标准组件。

DOM 操作的分类如下。

① DOM-Core：DOM Core 并不专属于 JavaScript，任何一种支持 DOM 的程序设计语言都可以使用它。它的用途并不仅限于处理网页，也可以用来处理任何一种用标记语言编写出来的文档。

② HTML-DOM：为 HTML 文件编写脚本，有许多专门属性。

③ CSS-DOM：针对于 CSS 操作，主要用于获取和设置 style 对象的各种属性。

3.5.1　jQuery 操作 DOM 属性

jQuery 操作 DOM 中有很多方法都是用一个函数来实现获取和设置的，如: attr()、html()、text()、val()、height()、width()、css()等。

attr()可获取属性和设置属性，当为该方法传递一个参数时，即为某元素的获取指定属性；当为该方法传递两个参数时，即为某元素设置指定属性的值。

removeAttr()可删除指定元素的指定属性。

html()用于读取和设置某个元素中的 HTML 内容，该方法可以用于 XHTML，但不能用于 XML 文档。

text()用于读取和设置某个元素中的文本内容,该方法既可以用于 XHTML 也可以用于 XML 文档。

val()用于读取和设置某个元素中的值，该方法类似 JavaScript 中的 value 属性。对于文本框、下拉列表框、单选框等元素，该方法可返回元素的值（多选框只能返回第一个值），如果为多选下拉列表框，则返回一个包含所有选择值的数组。

3.5.2　jQuery 操作 DOM 节点

1. 查找节点

查找元素节点，可通过 jQuery 选择器完成。

如果要查找属性节点，可在查找到所需要的元素之后，调用 jQuery 对象的 attr()方法来获取它的各种属性值。

2．创建节点

创建节点，可使用以下的 jQuery 函数：

```
$(): $(html);
```

这个函数会根据传入的 HTML 标记字符串创建一个 DOM 对象，并把这个 DOM 对象包装成一个 jQuery 对象返回。

需要注意的是，动态创建的新元素节点不会被自动添加到文档中，而是需要使用其他方法将其插入到文档中；当创建单个元素时，需注意闭合标签和使用标准的 XHTML 格式。例如，如果要创建一个<p>元素，可以使用$("<p/>")或$("<p></p>")，但不能使用$("<p>")或$("<P>")。

创建文本节点就是在创建元素节点时直接把文本内容写出来，创建属性节点也是在创建元素节点时一起创建的。

3．插入节点

插入节点时，除了动态创建 HTML 元素，还需要将新创建的节点插入到文档中,即成为文档中某个节点的子节点，如表 3-20 所示。

表 3-20　插入节点方法

方法	描述
append()	向每个匹配元素的内部结尾处追加内容
appendTo()	将每个匹配元素追加到指定元素中的内部结尾
prepend()	向每个匹配元素的内部开始处插入内容
prependTo()	将每个匹配元素插入到指定元素中的内部开始
after()	向每个匹配元素的后面插入内容
insertAfter()	将每个匹配元素插入到指定元素的后面
before()	向每个匹配元素的前面插入内容
insertBefore()	将每个匹配元素插入到指定元素的前面

4．删除节点

删除节点可以使用 remove()和 empty()。

remove()：删除节点，从 DOM 中删除所有匹配的元素，传入的参数用于根据 jQuery 表达式来筛选元素。当某个节点用 remove()方法删除后，该节点所包含的所有后代节点将被同时删除。这个方法的返回值是一个指向已被删除的节点的引用。

empty()：清空节点，清空元素中的所有后代节点（不包含属性节点）。

5．复制节点

复制节点可使用 clone()方法。clone()方法可指定其参数为 true。

clone()：复制匹配的 DOM 元素为一个副本，但此时复制的新节点不具有任何行为。

clone(true)：复制元素的同时也复制元素中的事件。

6．替换节点

替换节点可使用 replaceWith()和 replaceAll()。

replaceWith()：将所有匹配的元素都替换为指定的 HTML 或 DOM 元素。

replaceAll()：用指定的 HTML 内容或元素替换被选元素。replaceAll()与 replaceWith()的作用相同，差异在于语法，即内容和选择器的位置。还有一个区别就是 replaceWith() 能够使用函数进行替换。

注意：若在替换之前已经在元素上绑定了事件，替换后原先绑定的事件会与原先的元素一起消失。

7. 包裹节点

包裹节点的方法包括 wrap()、wrapAll()和 wrapInner()。

wrap()：将指定节点用其他标记包裹起来。该方法对于需要在文档中插入额外的结构化标记非常有用，而且不会破坏原始文档的语义。

wrapAll()：将所有匹配的元素用一个元素来包裹。而 wrap()方法是将所有的元素进行单独包裹。

wrapInner()：将每一个匹配的元素的子内容（包括文本节点）用其他结构化标记包裹起来。

3.6　本章实训：jQuery 网页应用实例

3.6.1　jQuery 线上网页应用之导航菜单

导航菜单是线上网页中必不可少的特效，可分为 Tab 菜单、下拉菜单、分级菜单等许多样式。通过 jQuery，我们可以快速简单地实现导航菜单效果，下面我们就以 Tab 菜单和下拉菜单为例简单模拟网上经常见到的导航菜单。

1. Tab 菜单

效果图如图 3-45 和图 3-46 所示，鼠标指针移上每个不同的 Tab 项，在其下面的内容会发生变化。

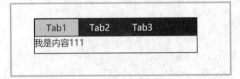

图 3-45　Tab 菜单图 1

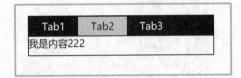

图 3-46　Tab 菜单图 2

网页代码如【例 3-55】所示。

【例 3-55】

```
<body>
<div class="all">
<div class="box1">
    <ul>
      <li class="box11">Tab1</li>
      <li>Tab2</li>
      <li>Tab3</li>
    </ul>
</div>
<div class="content">
    <div style="display:block">我是内容 111</div>
    <div>我是内容 222</div>
    <div>我是内容 333</div>
</div>
<div>
</body>
<style type="text/css">
*{
    margin:0;
    padding:0;
```

```
      border:0;
      list-style:none;
       }
   .all{
          width:302px;
          height:auto;
          border:1px solid #000;
          margin:100px auto;
           }
   .box1{
          width:300px;
          height:30px;
          border:1px solid #000;
          background:#000;}
   .box1 li{
             float:left;
             width:80px;
             height:30px;
             line-height:30px;
             text-align:center;
             cursor:pointer;
              }
   ul{
        color:#fff;
         }
   .box11{
          background:#CCC;
          color:#000;
           }
   .content div{
                   display:none;
                    }
   .content{
             width:300px;
              height:30px;
               }
   </style>
   <script type="text/javascript">
   $(function(){
       $("li").mouseover(function(){
            $(this).addClass("box11");
            $(this).siblings().removeClass("box11");
            var index=$(this).index();
            $(".content div").css("display","none");
            $(".content div").eq(index).css("display","block");
            });
   });
   </script>
```

2. 下拉菜单

鼠标指针移上到每个一级菜单时，下方会出现属于该菜单的二级菜单，效果如图 3–47 和图 3–48 所示。

其网页代码如【例 3–56】所示。

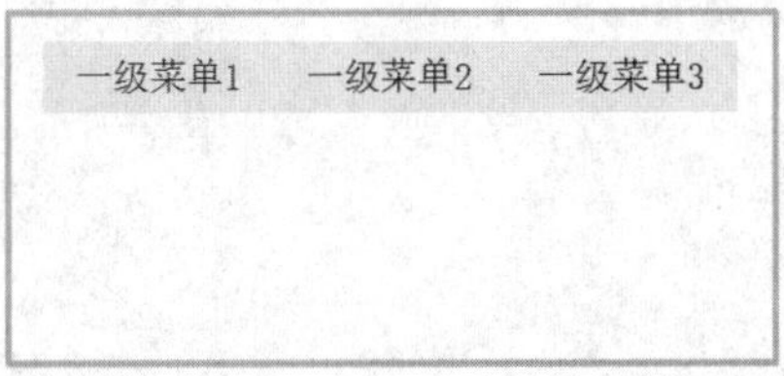

图 3-47　下拉菜单图 1

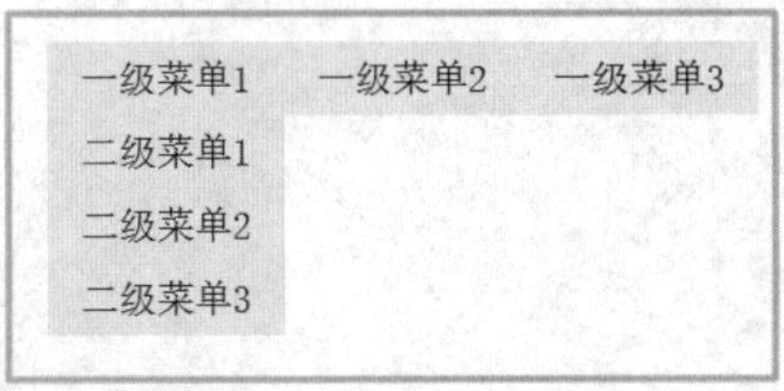

图 3-48　下拉菜单图 2

【例 3-56】

```
    <body>
    <ul class="all">
        <li>一级菜单 1
            <ul>
                <li>二级菜单 1</li>
                <li>二级菜单 2</li>
                <li>二级菜单 3</li>
            </ul>
        </li>
        <li>一级菜单 2
            <ul>
                <li>二级菜单 1</li>
                <li>二级菜单 2</li>
                <li>二级菜单 3</li>
            </ul>
        </li>
        <li>一级菜单 3
            <ul>
                <li>二级菜单 1</li>
                <li>二级菜单 2</li>
                <li>二级菜单 3</li>
            </ul>
        </li>
    </ul>
    </body>
<style type="text/css">
    *{
        margin:0;
        padding:0;
        border:0;
        list-style:none;
        }
    .all{
```

```
                width:300px;
                height:30px;
                background:#eee;
                line-height:30px;
                margin:100px auto;
        }
     .all li{
                width:100px; height:30px;
                float:left;
                line-height:30px;
                text-align:center;
                cursor:pointer;
        }
    .all ul{
                display:none;
    }
    .all ul li{
                background:#eee;
    }
</style>
<script type="text/javascript">
$(function(){
//方法1
$(".all>li").mouseover(function(){
        $(this).children().slideDown(500);
        });
$(".all>li").mouseleave(function(){
        $(this).children().stop().slideUp(500);
        });
});

//方法2
$('.all li').hover(function(){
        $(this).children().slideDown(500);
        },function(){
        $(this).children().stop().slideUp(500);
        });
</script>
```

3.6.2 jQuery 线上网页应用之图片展示

1.轮播图特效

轮播图特效是指在一张图的位置，通过定时器的切换，轮流播放多张图片。其好处在于，利用一张图的位置能展示多张图，是现代网页中最常用的特效之一。相比 JavaScript 使用 jQuery 可以更加简单地实现轮播效果。

其实现思路如下。

（1）HTML+CSS 设计静态页面。

（2）定义数组，将切换显示的图片保存到数组中。

（3）定义控制定时器的变量和控制数组下标的变量。

（4）定义函数，通过改变图片的地址，使用定时器函数，在一定的间隔时间内切换图片地址，实现图片切换显示。

效果图如图 3-49 所示。

图 3-49 jQuery 轮播图

网页代码如【例 3-57】所示。

【例 3-57】

```
<div id="box">
<img src="img/1.jpg" />
<div class="xy">
    <span></span>
    <span></span>
    <span></span>
    <span></span>
</div>
<div class="prev">&lt;</div>
<div class="next">&gt;</div>
</div>
<style type="text/css">
*{ margin:0;  padding:0; }
#box{ width:500px;  height:400px;  border:10px solid #999; margin:10px auto; position:
        relative; }
#box img{  width:500px;  height:400px;}
.prev, .next{ width:40px;  height:45px;  font-size:48px;  color:#fff; position:
              absolute;
              top:180px; background:#000; opacity:0.4; text-align:center;
               line-height:45px; cursor:pointer; }
.next{  right:0; }
.prev:hover, .next:hover{  opacity:0.8; }
.xy{ width:100px; height:20px; position:absolute; bottom:30px; left:200px; }
.xy span{ width:20px; height:20px; display:inline-block; border-radius:50%; background:
    #999; cursor:pointer; }
.xy .active{ background:red; }
</style>
<script type="text/javascript" src="js/jquery-1.8.3.min.js"></script>
<script>
```

```
$(function(){
var arrImg=["img/1.jpg","img/2.jpg","img/3.jpg","img/4.jpg"],
 nowindex=0,
otimer = null,
onoff = false,
t = 2000;
$('.xy span:first').addClass('active');          //将第一个小圆点设为激活状态
$('.xy span').hover( function(e){
     stopp();
     var oldindex = $('.xy span').filter('.active').index();
      nowindex = $(this).index();
     play(oldindex,nowindex);
    },function(){
     star();
});
/*  从oldindex图片切换到nowindex图片
    oldindex为起始图片，整数
    nowindex为要切换到的那张图片，整数 */

$('.next').bind('click',function(){
     next();
});
$('.prev').bind('click',function(){
     prev();
});

function prev(){
     var oldindex = nowindex;
     nowindex = (--nowindex+arrImg.length)%arrImg.length;
     play(oldindex,nowindex);
}
function next(){
         var oldindex = nowindex;
      nowindex = ++nowindex % arrImg.length;
     play(oldindex,nowindex);
}

star();
function star(){
     if(!onoff){
          onoff=true;
     otimer = setInterval(next,t);
     }
}

function stopp(){
clearInterval(otimer);
 onoff = false;
}

$('#box').hover(function(){
     stopp();
     },function(){
     star();
```

```
    });

function play(oldindex,nowindex){
    $('.xy span').removeClass('active');
    $('.xy span').eq(nowindex).addClass('active');
    $('img').attr('src','img/'+(nowindex+1)+'.jpg');
}
});
</script>
```

2. 手风琴特效

手风琴特效也是图片展示的一种效果，利用在一个标签区域中，同时展示多张图片，但是每张图片都并没有完整展示，而是只展示一部分，当鼠标指针上移后，鼠标指针上的图片将会拉长，完整显示出图片，而其他图片则会相应缩小，类似手风琴演奏时琴箱的变化，所以称为手风琴特效。

实现思路如下。

（1）HTML+CSS 设计静态页面。

（2）动态加载图片，每张图显示都并不完整

（3）鼠标指针移上的图宽度变大完整显示，其余图宽度压缩。

（4）鼠标指针移开，所有图的宽度恢复成（2）的宽度显示。

在网页<li>中暂时不加载图片，而采用 JavaScript 代码动态加载，网页代码如【例 3-58】所示。

【例 3-58】

```
<div class="all">
    <ul>
        <li></li>
        <li></li>
        <li></li>
        <li></li>
        <li></li>
        <li></li>
    </ul>
</div>
<style type="text/css">
.all{
    width:1200px;
    height:300px;
    border:1px solid #000;
    margin:100px auto;
    overflow:hidden;    /*在ul的父级上增加溢出隐藏*/
}
.all ul{
    width:2000px;
}/*设置ul宽度很大，防止li大于200px往下掉*/
.all li{
    width:200px;
    height:300px;
    background:url(images/pic/01.jpg) no-repeat 0 0;    /*加载一张相同图片*/
    float:left; cursor:pointer;}
</style>
<script type="text/javascript">
$(function(){
    $(".all li").each(function(index,obj){
```

```
                var num=index+1;
                $(obj).css("background","url(images/pic/0"+num+".jpg)");
                /*动态加载图片,不必在li中添加*/
           });
           $(".all li").hover(function(){           //hover事件就有鼠标指针移上和离开两个功能
                $(this).stop().animate({width:500},200).siblings().stop().
                animate({width:140},200)
                /*链式写法:$(this)的图片从200变为500,其余siblings()从200变为140*/
                },function(){
                $(".all li").stop().animate({width:200},200);   /*鼠标指针离开,所有图的宽度还原为200*/
                });
           })
           </script>
```

效果图如图 3-50 和图 3-51 所示。

图 3-50　手风琴展示 6 张不完整的图时的效果

图 3-51　手风琴展示 1 张完整的图时的效果

3.6.3　jQuery 插件应用举例

插件（Plugin）是一种计算机应用程序，它和主应用程序（host application）互相交互，以提供特定的功能。应用程序支持插件有许多原因，在软件开发过程中，为了保证软件的可扩展性，或为了实现功能模块的封装和扩展，经常会用到插件设计方法。举个简单的例子，我们需要做一个软件，这个软件提供一种功能 A，但是这个功能 A 可能有多种实现的方法，并且这些方法可能是可以增加、替换或者扩展的。虽然方法各式各样，但是目标是不变的，那就是功能 A。为了实现这种方法的扩展，我们可以提供一种扩展接口，只要后续的开发者遵循这个接口规则，就可以将新的方法加入到原软件中。甚至，不仅能够实现这种扩展，还能保证原软件几乎可以做到不进行任何修改。这种方法给一些软件的开发工作确实带来了很多好处，灵活性、扩展性都得到了提高。

轮播图是网页中一种重要功能表现形式，能让多张图片进行自动和可控制的滚动播放，几乎在所有的主页中都会使用到，如果每次都需要自己使用 JavaSript 或 jQuery 代码重新写轮播图，就显得非常麻烦。而这样通用的功能，最好的方式是写成插件，或者利用网络上共享的插件，在此基础上进行修改扩展。

SuperSlide.js 是一个基于 jQuery 的轮播图（幻灯片）插件。支持桌面浏览器鼠标拖动、循环、左右控制、动态添加、删除、过滤、自动播放、圆点、箭头、回调等。

SuperSlide.js 插件的参数如表 3-21 所示。

表 3-21　Superslide 插件参数

参数	函数	常用值
切换元素的包裹层对象	mainCell	.bd ul
导航元素对象	titCell	.hd ul
效果	effect	fade/flod/left/top/leftLoop/topLoop
自动运行	autoplay	false/true
触发方式	trigger	mouseover/click
缓动效果	easing	Swing/
延时速度	delayTime	500/700/1000/自定义
自动运行间隔	interTime	3500/自定义

实现代码如【例 3-59】所示。

【例 3-59】

```html
<body>
<div class="banner-box">
    <div class="bd">
        <ul>
            <li style="background:#F3E5D8;">
                <div class="m-width">
                <a href="javascript:void(0);"><img src="images/lunbao/img1.jpg" /></a>
                </div>
            </li>
            <li style="background:#B01415">
                <div class="m-width">
                <a href="javascript:void(0);"><img src="images/lunbao/img2.jpg" /></a>
                </div>
             </li>
            <li style="background:#C49803;">
                <div class="m-width">
                <a href="javascript:void(0);"><img src="images/lunbao/img3.jpg" /></a>
                </div>
            </li>
            <li style="background:#FDFDF5">
                <div class="m-width">
                <a href="javascript:void(0);"><img src="images/lunbao/img4.jpg" /></a>
                </div>
            </li>
        </ul>
    </div>
    <!--左右切换-->
     <div class="banner-btn">
        <a class="prev" href="javascript:void(0);"></a>
        <a class="next" href="javascript:void(0);"></a>
```

```
            <div class="hd"><ul></ul></div>
        </div>
    </div>
</body>
```

Superslide.css 代码如下，图片尺寸不同时可适当进行修改：

```css
<style type= "text/css" >
body,div,ul,li,dl,dt,dd,h2,p{padding:0;margin:0;font-family:"微软雅黑";}
ul{list-style:none ;}
img{border:none;}
a{blr:expression(this.onFocus=this.blur());outline:none;}
/* banner-box */
.banner-box{
    min-width:1210px;
    height:360px;
    position:relative;
    overflow:hidden;
}
.banner-box .bd{
    width:100%;}
.banner-box .bd li .m-width {
    width:1210px;
    margin:0 auto;
    overflow:hidden;
}
.banner-box .bd li{
    width:100%;height:360px;
}
.banner-box .bd li a{
    display:block;
    background-size:auto;
}
.banner-btn{
    width:1210px;
    position:absolute;
    top:120px;
    left:50%;
    margin-left:-605px;
}
.banner-btn a{
    display:block;
    width:49px;
    height:104px;
    position:absolute;
    top:0;
    filter:alpha(opacity=40);
 }
.banner-btn a.prev{
    left:20px;
    background:url(images/lunbao/foot.png) no-repeat 0 0;
}
.banner-btn a.next{
    right:20px;
```

```
                background:url(images/lunbao/foot.png) no-repeat -49px 0;}
        /*以下是角标*/
        .banner-box .hd {
            position:absolute;
            top:210px;
            left:537px;
        }
        .banner-box .hd ul li{
            width:12px;
            height:12px;
            border-radius :50%;
            text-indent:-9999px;
            margin-right:20px;
            background:#ccc;
            float:left;
            cursor:pointer;
        }
        .banner-box .hd ul li.on{
            background:#DA324D;
        }
    </style>
```

在 HTML 文档头部<head>部分导入 SuperSlide.js，可直接使用默认模板代码。JavaScript 代码
如下：

```
    <script src="jq/jquery.SuperSlide.2.1.1.js"></script>
    <script type="text/javascript">
    $(function(){
        $(".prev,.next").hover(function(){
            $(this).stop(true,false).fadeTo("show",0.9);
        },function(){
            $(this).stop(true,false).fadeTo("show",0.4);
        });

        $(".banner-box").slide({
            titCell:".hd ul",
            mainCell:".bd ul",
            effect:"fold",
            interTime:3500,
            delayTime:500,
            autoPlay:true,
            autoPage:true,
            trigger:"click"
        });
    })
    </script>
```

运行效果如图 3-52 所示。

使用插件技术能够为分析、设计、开发、项目计划、协作生产和产品扩展等很多方面带来好处，
开发者可使用插件，还可以实现表单确认、图表种类、字段提示、动画、进度条等任务，而基于 JavaScript
和 jQuery 的插件非常丰富，有数千种。我们在掌握了 JavaScript 和 jQuery 的基础后，懂得使用现有
插件帮助实现常用功能是在工作中快速开发的必要手段，但在使用多个插件时，要注意插件之间的兼
容性问题。

图 3-52　轮播图效果图

3.6.4　jQuery 操作 DOM 应用举例

本节例子将使用 jQuery 操作 DOM 节点，实现将左边下拉列表选择后移动到右边，如【例 3-60】所示。

【例 3-60】

```html
<body>
    <div>
        <select style="width:60px" multiple size="10" id="leftID">
            <option>选项 A</option>
            <option>选项 B</option>
            <option>选项 C</option>
            <option>选项 D</option>
            <option>选项 E</option>
        </select>
    </div>
    <div style="position:absolute;left:100px;top:60px">
        <input type="button" value="批量右移" id="rightMoveID" />
    </div>
    <div style="position:absolute;left:100px;top:90px">
        <input type="button" value="全部右移" id="rightMoveAllID" />
    </div>
    <div style="position:absolute;left:220px;top:20px">
        <select multiple size="10" style="width:60px" id="rightID"></select>
    </div>
</body>
</html>
<script type="text/javascript" src="jquery-1.8.3/jquery-1.8.3.min.js"></script>
<script type="text/javascript">
    //双击右移
    //定位左边的下拉框，同时添加双击事件
    $("#leftID").dblclick(function() {
        //获取双击时选中的 option 标签
        var $option = $("#leftID option:selected");
        //将选中的 option 标签移动到右边的下拉框中
        $("#rightID").append($option);
    });
    //批量右移
```

```
//定位批量右移按钮，同时添加单击事件
$("#rightMoveID").click(function() {
    //获取左边下拉框中选中的 option 标签
    var $option = $("#leftID option:selected");
    //将选中的 option 标签移动到右边的下拉框中
    $("#rightID").append($option);
});
//全部右移
//定位全部右移按钮，同时添加单击事件
$("#rightMoveAllID").click(function() {
    //获取左边下拉框中所有的 option 标签
    var $option = $("#leftID option");
    //将选中的 option 标签移动到右边的下拉框中
    $("#rightID").append($option);
});
</script>
```

布局效果如图 3-53 所示。

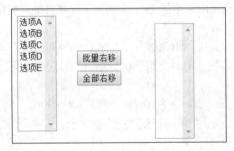

图 3-53　选择列表图

进行选择后，单击按钮，可以将选项从左边列表移动到右边，如图 3-54 所示。

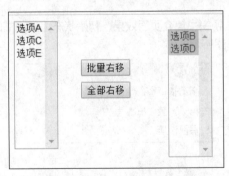

图 3-54　选项右移

 习题

一、选择题

1. 下面哪种不是 jQuery 的选择器？（　　　）

    A. 基本选择器　　　　B. 后代选择器　　　　C. 类选择器　　　　　D. 层级选择器

2. 当 DOM 加载完成后要执行的函数，下面哪个是正确的？（　　　）

A. jQuery(expression, [context])　　　　B. jQuery(html, [ownerDocument])

C. jQuery(callback)　　　　　　　　　D. jQuery(elements)

3. 下面哪一个是用来追加到指定元素的末尾的？（　　　）

A. insertAfter()　　　B. append()　　　C. appendTo()　　　D. after()

4. 下面哪一个不是 jQuery 对象访问的方法？（　　　）

A. each(callback)　　B. size()　　　　C. index(subject)　　D. index()

5. 如果想要找到一个表格的指定行数的元素，用下面哪个方法可以快速找到指定元素？（　　　）

A. text()　　　　　B. get()　　　　　C. eq()　　　　　　D. contents()

6. 如果想在一个指定的元素后添加内容，下面哪个是实现该功能的？（　　　）

A. append(content)　　　　　　　　　B. appendTo(content)

C. insertAfter(content)　　　　　　　D. after(content)

7. 在 jQuey 中，如果想要从 DOM 中删除所有匹配的元素，下面哪一个是正确的？（　　　）

A. delete()　　　　B. empty()　　　　C. remove()　　　D. removeAll()

8. 为每一个指定元素的指定事件（像 click）绑定一个事件处理器函数，下面哪个是用来实现该功能的？（　　　）

A. trigger (type)　　B. bind(type)　　　C. one(type)　　　D. bind

9. 当一个文本框中的内容被选中时，想要执行指定的方法时，可以使用下面哪个事件来实现？（　　　）

A. click(fn)　　　　B. change(fn)　　　C. select(fn)　　　D. bind(fn)

10. 在 jQuery 中指定一个类，如果存在就执行删除功能，如果不存在就执行添加功能。下面哪一个是可以直接完成该功能的？（　　　）

A. removeClass()　　　　　　　　　　B. deleteClass()

C. toggleClass(class)　　　　　　　　D. addClass()

二、操作题

1. 使用 jQuery 实现书城畅销书简介页面效果，初始状态为显示书的名称，鼠标指针移上后，能显示书的基本信息介绍，如下图所示。

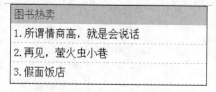

2. 使用透明度动画，实现十二生肖案例，鼠标指针移上选中的图片，图片会变亮，其余图片变暗，如下图所示。

3. 使用 jQuery 实现模态窗口，单击右上角方块可关闭模态窗口，恢复正常状态，如下图所示。

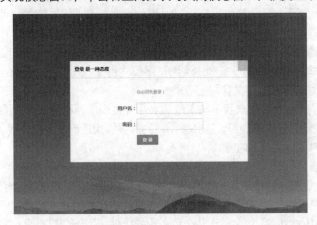

第 4 章

Bootstrap 基础

4.1 Bootstrap 入门

4.1.1 Bootstrap 简介

Bootstrap 是由著名的美国社交网络及微博服务网站 Twitter 开发的，一款目前很受欢迎的前端框架。Bootstrap 是一个免费、开源的前端开发框架，使用 Bootstrap 可以方便、快速地实现响应式网页的开发。Bootstrap 是基于 HTML 5、CSS 3、JavaScript 的，包含了丰富的组件，比如布局、表单、表格、导航、图像等的模板以及 JavaScript 插件等。它简洁灵活，使得 Web 开发更加快捷，并能轻松制作出响应式网页的效果。Bootstrap 的源码是基于 CSS 预处理脚本 Less 和 Sass 开发的，支持响应式设计，目前基本所有的移动设备和主流浏览器都支持 Bootstrap。Bootstrap 目前最新版本是 Bootstrap 4，相关文件都可在其中文官网上下载。

Bootstrap 提供了压缩版（生产版）与未压缩版（开发版）两种形式的压缩包。如果对预定义的 Bootstrap 样式没有改动只是直接调用，在部署网站的时候调用压缩版（生产版）就可以了。

Bootstrap 包的内容包括以下内容。

① 基本页面结构。提供了一个带有网格系统、链接样式、背景的基本结构。

② 全局的 CSS 设置。包括定义基本的 HTML 元素样式、可扩展的 class 以及网格系统。在标签中使用 Bootstrap 提供的 CSS 类，即可轻松实现多种已定义好的基本样式。

③ 可重用组件。Bootstrap 包含了十几个可重用的组件，用于创建图像、下拉菜单、导航、警告框、弹出框等等。

④ JavaScript 插件。包含了十几个自定义的 jQuery 插件。可以直接包含所有的插件，也可以逐个包含这些插件。

除此之外，我们还可以通过定制 Bootstrap 的组件、Less 变量和 jQuery 插件来得到自己的版本。Bootstrap 具有以下特征。

（1）适用于 HTML5 文档类型

Bootstrap 需要将页面设置为 HTML 5 文档类型才能使用到某些 HTML 元素和 CSS 属性。与旧版本的 HTML 文件不同，HTML 5 的文档头只有两句：

```
<!doctype html>
<html lang="zh-CN">
```

第 1 句：为每个 HTML 页面的第一行添加标准模式（standard mode）的定义声明，这样能够确保在每个浏览器中拥有一致的展现。

第 2 句：定义 HTML 5 规范的语言属性，强烈建议为 html 根元素指定 lang 属性，从而为文档设置正确的语言。这将有助于语音合成工具确定其所应该采用的发音，有助于翻译工具确定其翻译时所应遵守的规则等。

（2）移动设备优先

Bootstrap 是移动设备优先的，针对移动设备的样式直接融合进了框架的内核中。

4.1.2　如何使用 Bootstrap

要使用 Bootstrap，必须首先正确导入相关的包来搭建环境，在官网中提供了代码的基本模板，如图 4-1 所示。

```
<!DOCTYPE html>
<html lang="zh-CN">
  <head>
    <meta charset="utf-8">
    <meta http-equiv="X-UA-Compatible" content="IE=edge">
    <meta name="viewport" content="width=device-width, initial-scale=1">
    <!-- 上述3个meta标签*必须*放在最前面，任何其他内容都*必须*跟随其后！ -->
    <title>Bootstrap 101 Template</title>

    <!-- Bootstrap -->
    <link href="css/bootstrap.min.css" rel="stylesheet">

    <!-- HTML5 shim and Respond.js for IE8 support of HTML5 elements and media queries -->
    <!-- WARNING: Respond.js doesn't work if you view the page via file:// -->
    <!--[if lt IE 9]>
      <script src="https://cdn.bootcss.com/html5shiv/3.7.3/html5shiv.min.js"></script>
      <script src="https://cdn.bootcss.com/respond.js/1.4.2/respond.min.js"></script>
    <![endif]-->
  </head>
  <body>
    <h1>你好，世界！</h1>

    <!-- jQuery (necessary for Bootstrap's JavaScript plugins) -->
    <script src="https://cdn.bootcss.com/jquery/1.12.4/jquery.min.js"></script>
    <!-- Include all compiled plugins (below), or include individual files as needed -->
    <script src="js/bootstrap.min.js"></script>
  </body>
</html>
```

图 4-1　Bootstrap 代码基本模板

通过分析基本模板，我们可以发现最关键是要导入 3 个包：一个 CSS 文件，一个 jQuery 文件和一个 JS 的包，并且要注意顺序，jQuery 包必须在 JS 包的上面先引用。

导入 Bootstrap 时可以直接导入可靠网站上的相关 Bootstrap 文件，也可以把 Bootstrap 源文件下载、解压并放到网站目录后直接使用。如果直接使用默认的 Bootstrap 样式，则只需直接调用 bootstrap.min.css、jquery-1.11.1.min.js 和 bootstrap.min.js 文件。示例代码如下：

```
<link href="bootstrap/css/bootstrap.min.css" rel="stylesheet">
<script src="bootstrap/js/jquery-1.11.1.min.js"></script>
<script src="bootstrap/js/bootstrap.min.js"></script>
```

使用时请注意所调用文件的正确性。这里的示例代码中把 Bootstrap 文件包放在网站默认目录下。

图 4-1 中还有如下所示的代码，这是为低浏览器版本（如低于 IE 9 的）兼容性设置的，当使用 Dreamweaver CC 等工具生成响应式页面时往往也会生成这些代码，保留原样即可。

```
<!-- HTML5 shim and Respond.js for IE8 support of HTML5 elements and media queries -->
<!-- WARNING: Respond.js doesn't work if you view the page via file:// -->
<!--[if lt IE 9]>
    <script src="https://oss.maxcdn.com/html5shiv/3.7.2/html5shiv.min.js"></script>
    <script src="https://oss.maxcdn.com/respond/1.4.2/respond.min.js"></script>
    <![endif]-->
```

可以通过以下这个在线 Bootstrap 可视化编辑器，对 BootStrap 的一些网页元素和网站组件做些简单的了解：http://www.layoutit.com/cn。

4.1.3　在 Dreamweaver CC 中创建 Bootstrap 页面

在 Adobe Dreamweaver CC 中，可新建基于 Bootstrap 的文档。打开"新建文档"窗口，"文件类型"选择 HTML，"框架"选择 Bootstrap。对于 Bootstrap CSS 文件的调用，如果网站目录中已有 Bootstrap 相关文件，可以直接以"使用现有文件"的选项指定调用地址直接调用；如果没有，则可通过"新建"选项创建。单击"创建"按钮，即可新建 Bootstrap 页面，如图 4-2 所示。

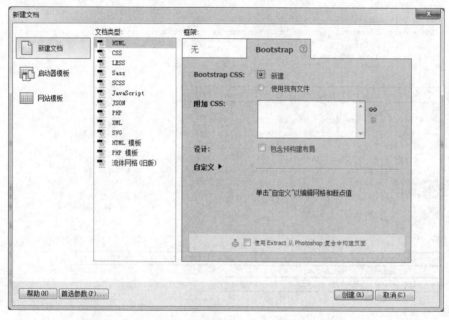

图 4-2　在 Adobe Dreamweaver CC 中创建 Bootstrap 页面

新建的页面代码中包含了对 Bootstrap 相关文件的引用。

4.2　Bootstrap 基本样式设计

4.2.1　网格系统

网格系统，也称栅格系统，是 Bootstrap 提供的一套响应式、移动设备优先的流式布局系统。Bootstrap 需要为页面内容包裹一个.container 或.container-fluid 容器。由于 padding 等属性的原因，这两种容器类不能相互嵌套。在这种网格系统中，浏览器会随着屏幕的大小的增减自动分为最多 12 列，通过一系列的行（row）与列（column）的组合来创建页面布局。

关于 Bootstrap 响应式布局的内容详见第 5 章，在此不再赘述。

4.2.2　图片样式

1．图片形状

Bootstrap 提供了以下 3 个可对图片应用的简单样式 class。

（1）.img-rounded：添加 border-radius:6px 来获得图片圆角。

（2）.img-circle：添加 border-radius:50% 来让整个图片变成圆形。

（3）.img-thumbnail：添加一些内边距（padding）和一个灰色的边框。

通过为 <img> 元素添加以上相应的类，可以让图片呈现不同的形状，如【例 4-1】所示。

【例 4-1】

```
<img src="images/1.png" alt="图片" class="img-rounded">
<img src="images/1.png" alt="图片" class="img-circle">
<img src="images/1.png" alt="图片" class="img-thumbnail">
```

代码效果如图 4-3 所示。

图 4-3　图片样式

2．响应式图片

若为图片添加对 .img-responsive 类的调用，可以让图片支持响应式布局。其实质是为图片设置了属性 "max-width: 100%;height: auto; display: block;"，从而让图片在其父元素中更好地缩放。如以下语句所示：

```
<img src="images/1.png" alt="图片" class="img-responsive">
```

3．让图片居中

可以使用 .center-block 类使图片水平居中显示。

```
<img src="images/1.png" alt="图片" class="center-block">
```

4.2.3　排版样式与辅助类

Bootstrap 提供了一些常规设计好的页面排版的样式供开发者使用，为了查看这些样式的具体属性，可以通过打开浏览器的开发人员工具（按【F12】键）进行查看和了解元素。

1．页面主体

（1）Bootstrap 将全局 font-size 设置为 14px，line-height 设置为 1.428。这些属性直接赋予 <body> 元素和所有段落元素。另外，<p>（段落）元素还被设置了等于 1/2 行高（即 10px），颜色被设置为#333 的底部外边距（margin），如【例 4-2】所示。

【例 4-2】

```
body{
    font-size: 14px;
    line-height: 1.42857143;    //即 20px
```

```
      color:#333;
    }
p{
    margin:0 0 10px;
    }
```

（2）为<p>元素添加.lead 类，可以让段落突出显示，如【例 4-3】所示。

【例 4-3】

```
<body>
    <p>段落 1</p>
    <p class="lead">段落 2</p>
    <p>段落 3</p>
</body>
```

代码效果如图 4-4 所示。

段落1

段落2

段落3

图 4-4 调用.lead 类的效果

2. 标题格式

（1）Bootstrap 重新定义了 HTML 中的 h1～h6 的 6 级标题，页面代码如【例 4-4】所示。

【例 4-4】

```
<h1>Bootstrap 框架</h1>      //36px
<h2>Bootstrap 框架</h2>      //30px
<h3>Bootstrap 框架</h3>      //24px
<h4>Bootstrap 框架</h4>      //18px
<h5>Bootstrap 框架</h5>      //14px
<h6>Bootstrap 框架</h6>      //12px
```

其效果如图 4-5 所示。图 4-6 所示的是未调用 Bootstrap 框架时的页面效果，可对比 Bootstrap 的标题和普通标题的区别。

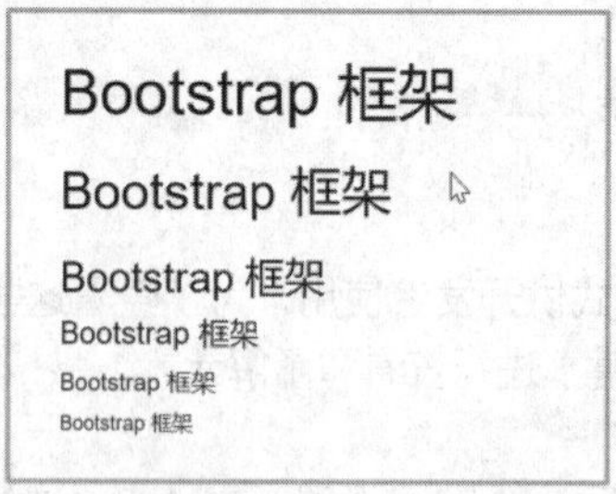

图 4-5 Bootstrap 标题

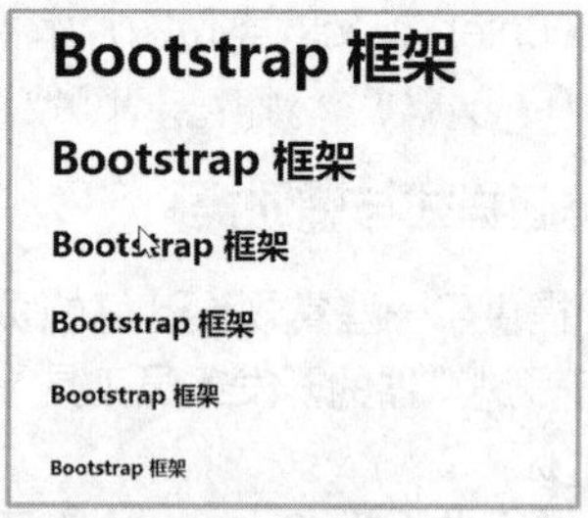

图 4-6 普通标题

我们通过查看 Bootstrap 的 CSS 源文件，查看对应元素的定义，可以了解到 Bootstrap 分别对 h1～ h6 进行了 CSS 样式的重构，字体颜色、字体样式、行高均被固定了，并且普通文本通过添加类：class="h1"～"h6"也可以得到对应的 Bootstrap（h1～h6）的标题样式，例如：

```
<p class="h1">Bootstrap 框架</p>
```

（2）副标题<small>。在标题内还可以嵌入 <small> 标签或添加 .small 类的元素，可以用来标记副标题，如【例4-5】所示。

【例4-5】

```
<h1>Bootstrap 标题1 <small>Bootstrap 小标题</small></h1>
<h2>Bootstrap 标题2 <small>Bootstrap 小标题</small></h2>
<h3>Bootstrap 标题3 <small>Bootstrap 小标题</small></h3>
<h4>Bootstrap 标题4 <small>Bootstrap 小标题</small></h4>
<h5>Bootstrap 标题5 <small>Bootstrap 小标题</small></h5>
<h6>Bootstrap 标题6 <small>Bootstrap 小标题</small></h6>
```

效果如图 4-7 所示。

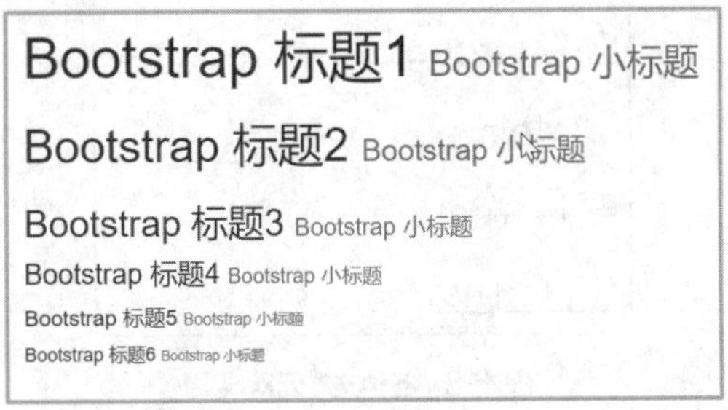

图 4-7 small

查看 Bootstrap 的 CSS 源文件，可见在 h1~h6 下的 small 设置了不同的样式，h1~h3 下 small 元素的大小只占父元素的 65%，字体大小为 23.4px、19.5px、15.6px；h4~h6 下 small 元素的大小只占父元素的 75%，字体大小分别为：13.5px、10.5px、9px。而在 h1~h6 下的 small 设置有一些相同的样式，如：颜色为#777，粗度为 400，行高为 1。

（3）超大屏幕（jumbotron）。除了 6 级标题以外，利用 jumbotorn 还可以增加标题的大小，并为页面内容添加更多的外边距（margin）。使用 jumbotron 需要先创建一个 div，这个 div 容器调用 .jumbotron 的类。

3．内联文本元素

（1）添加标记，使用<mark>元素或.mark 类，如【例4-6】所示。

【例4-6】

```
<p>内联<mark>元素</mark></p>
<p>内联<span class="mark">元素</span></p>
```

（2）添加线条的文本，具体如【例4-7】所示。

【例4-7】

```
<del>内联元素</del>          //删除的文本
<s>内联元素</s>              //无用的文本
<ins>内联元素</ins>          //插入的文本
<u>内联元素</u>              //效果同上，下划线文本
```

（3）强调作用的文本，具体如【例4-8】所示。

【例4-8】

```
<small>内联元素</small>       //标准字体大小的 85%
<strong>内联元素</strong>     //加粗 700
<em>内联元素</em>            //倾斜
```

【例4-9】给出了各种内联元素文本的对比，效果如图 4-8 所示。

【例4-9】

```
<h3>主标题<small>副标题 small</small></h3>
    <h3>主标题<big>副标题 big</big></h3>
    <h3><strong>加粗 strong</strong></h3>
    <h3><em>斜体 em</em></h3>
    <h3><del>删除线 del</del></h3>
<h3><ins>下划线 ins</ins></h3>
```

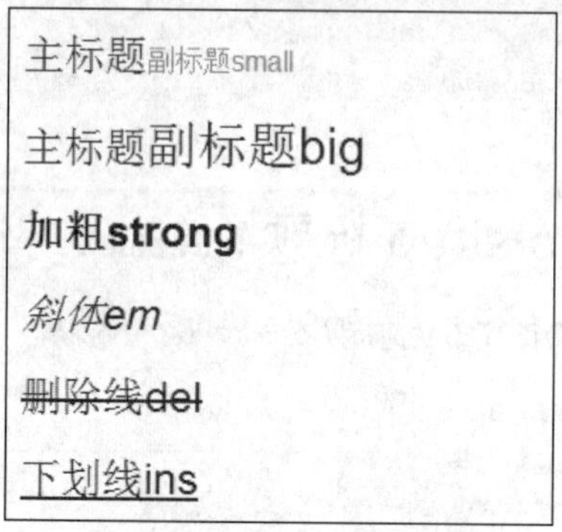

主标题<small>副标题small</small>

主标题副标题big

加粗**strong**

斜体em

~~删除线del~~

<u>下划线ins</u>

图 4-8　各种文本元素效果

4. 对齐方式

对齐方式主要用于设置文本的对齐，示例代码如【例 4-10】所示。

【例4-10】

```
<p class="text-left">Bootstrap 对齐</p>          //居左
<p class="text-center">Bootstrap 对齐</p>        //居中
<p class="text-right">Bootstrap 对齐</p>         //居右
```

【例 4-10】代码实现效果如图 4-9 所示。

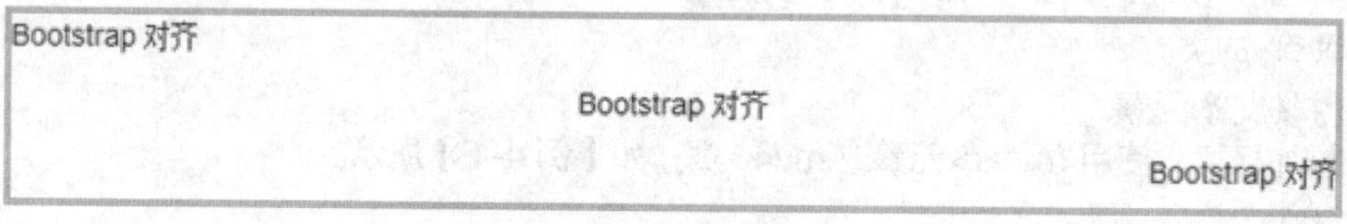

Bootstrap 对齐

　　　　　　　　　　Bootstrap 对齐

　　　　　　　　　　　　　　　　Bootstrap 对齐

图 4-9　本文的左中右对齐方式

5. 大小写

用于对英文文本的大小写进行设置，示例代码如【例 4-11】所示。

【例4-11】

```
<p class="text-lowercase">Bootstrap 大小写</p>       //小写
<p class="text-uppercase">Bootstrap 大小写</p>       //大写
<p class="text-capitalize">Bootstrap 大小写</p>      //首字母大写
```

6. 缩略语

我们可使用<abbr>标签设置 title 属性，当鼠标指针悬停在缩略词上时，就会显示完整内容，例如：

```
<abbr title="Bootstrap">Boot</abbr>
```

还可为<abbr>添加.initialism 类，设置字体的大小为 90%，字母为大写，例如：

```
<abbr title="Bootstrap" class="initialism">Boot</abbr>
```

.initialism 类的定义如以下代码所示：

```
. initialism{ font-size:90%; text-transform: uppercase;}
```

7. 地址文本\<address\>

\<address\>设置了行高 20px、底部边距 20px，并去掉了倾斜。

8. 引用文本

对默认样式进行引用，增加了左边线，设定了字体大小和内外边距。我们可查看 Bootstrap 的样式定义中关于\<blockquote\>标签的定义，具体如以下代码所示：

```
blockquote{
        padding:10px 20px;
        margin:0 0 20px;
        font-size:17.5px;
        border-left:5px solid #eee;
    }
```

\<blockquote\>默认居左显示，也可以通过设置类 . blockquote-reverse 或者 . pull-right 使引用文本居右。具体如【例 4-12】所示。

【例 4-12】

```
<blockquote>居左引用文本</blockquote>
<blockquote class="blockquote-reverse ">居右引用文本1</blockquote>
<blockquote class="pull-right ">局右引用文本2</blockquote>
```

9. 列表排版

（1）. list-unstyled 类：移除默认样式，即去掉列表前的小黑点。代码示例如【例 4-13】所示。

【例 4-13】

```
<ul class="list-unstyled">
     <li>列表样式1</li>
     <li>列表样式2</li>
     <li>列表样式3</li>
</ul>
```

代码效果如图 4-10 所示。

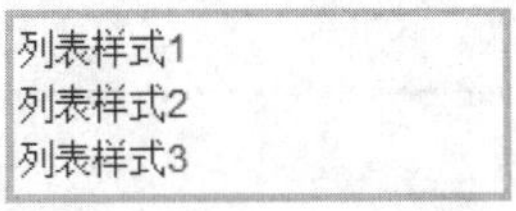

列表样式1
列表样式2
列表样式3

图4-10　无样式列表效果

（2）. list-inline 类：设为内联，使得列表从垂直排列变为水平排列，示例代码如【例 4-14】所示。

【例 4-14】

```
<ul class=" list-unstyled list-inline">
     <li>列表样式1</li>
     <li>列表样式2</li>
     <li>列表样式3</li>
</ul>
```

代码效果如图 4-11 所示。

列表样式1　列表样式2　列表样式3

图4-11　内联列表

（3）使用 . dl-horizontal 类可使定义列表水平排列，如【例 4-15】所示。

【例4-15】

```
<dl class="dl-horizontal">
    <dt>Bootstrap</dt>
    <dd>Bootstrap 页面排版的样式</dd>
</dl>
```

代码效果如图 4-12 所示。

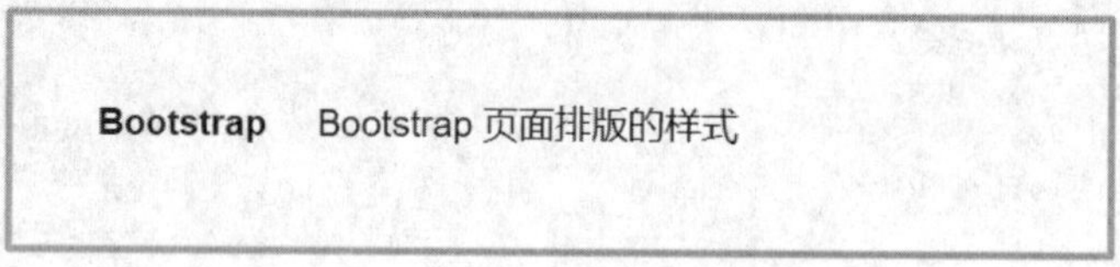

Bootstrap   Bootstrap 页面排版的样式

图 4-12　定义列表水平排列

10. 代码

（1）内联代码<code>。例如：

```
<code>&lt;section&gt;</code>
```

代码效果如图 4-13 所示。

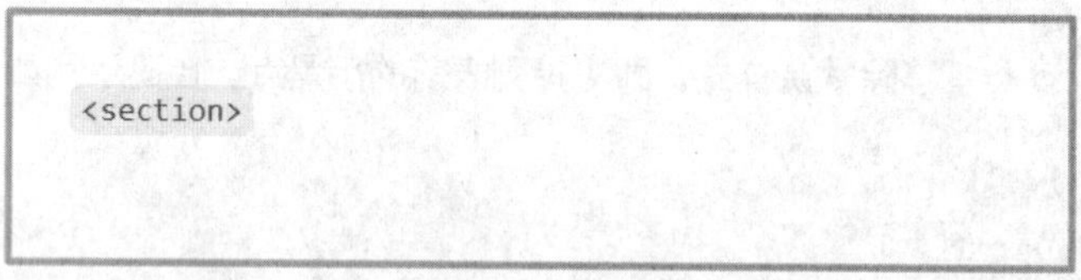

```
<section>
```

图 4-13　内联代码

（2）键盘文本<kbd>。例如：

```
<kbd>ctrl + ,</kbd>
```

代码效果如图 4-14 所示。

```
ctrl + ,
```

图 4-14　键盘文本

（3）代码块<pre>，例如：

```
<pre>&lt;p&gt;Helloworld…&lt;/p&gt;</pre>
```

代码效果如图 4-15 所示。

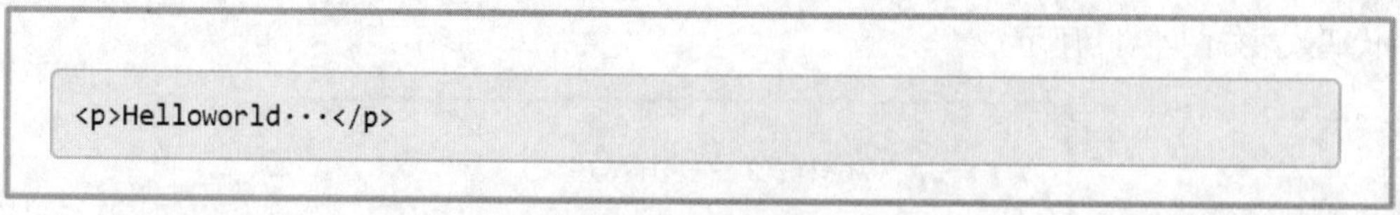

```
<p>Helloworld…</p>
```

图 4-15　代码块

11. 辅助类

Bootstrap 提供了一组工具类。通过颜色来展示意图，用于文字颜色以及背景色的设置。

（1）情境文本颜色。具体类如表 4-1 所示。

表 4-1 情境文本颜色

类	描述
.text-muted	柔和——灰
.text-primary	主要——蓝
.text-success	成功——绿
.text-info	信息——蓝
.text-warning	警告——黄
.text-danger	危险——红

【例 4-16】是一个使用情境文本颜色的代码示例。

【例 4-16】

```
<p class="text-muted">情境文本颜色 text-muted（灰）</p>
<p class="text-primary">情境文本颜色 text-primary（蓝色）</p>
<p class="text-success">情境文本颜色 text-success（绿色）</p>
<p class="text-info">情境文本颜色 text-info（蓝色）</p>
<p class="text-warning">情境文本颜色 text-warning（黄色）</p>
<p class="text-danger">情境文本颜色 text-danger（红色）</p>
```

代码效果如图 4-16 所示。

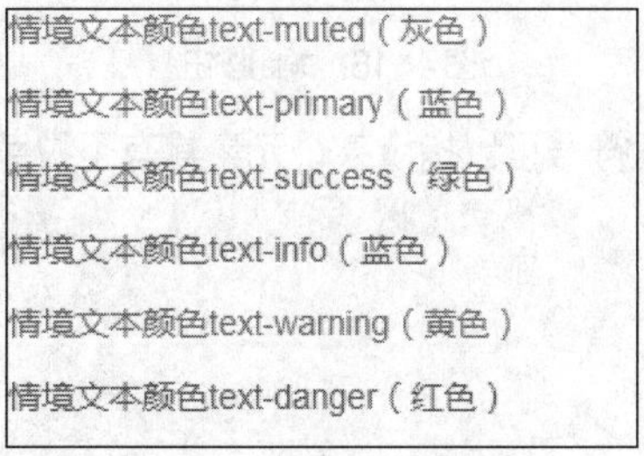

情境文本颜色text-muted（灰色）

情境文本颜色text-primary（蓝色）

情境文本颜色text-success（绿色）

情境文本颜色text-info（蓝色）

情境文本颜色text-warning（黄色）

情境文本颜色text-danger（红色）

图 4-16 情境文本颜色

（2）情境背景色。具体类如表 4-2 所示。

表 4-2 情境背景色

类	描述
.bg-primary	主要——蓝
.bg-success	成功——绿
.bg-info	信息——蓝
.bg-warning	警告——黄
.bg-danger	危险——红

【例 4-17】是一个使用情境背景色的代码示例。

【例 4-17】

```
<p class="bg-primary">情境背景色</p>
<p class="bg-success">情境背景色</p>
<p class="bg-info">情境背景色</p>
```

```
<p class="bg-warning">情境背景色</p>
<p class="bg-danger">情境背景色</p>
```
代码效果如图 4-17 所示。

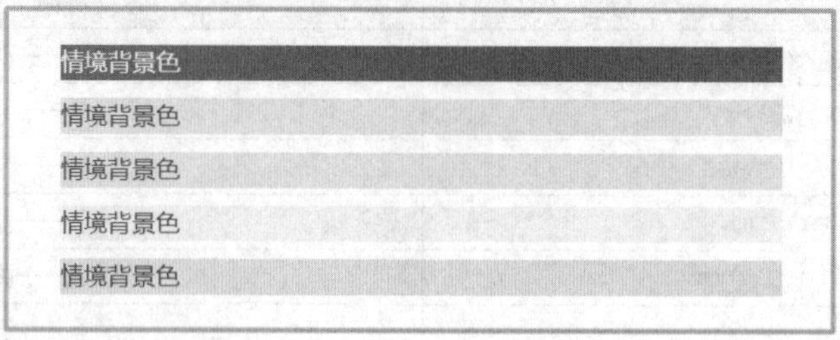

图 4-17　情境背景色

（3）关闭按钮。即一个象征关闭的"×"图标，例如：

```
<button type="button" class="close">&times;</button>
```
代码效果如图 4-18 所示。

图 4-18　关闭按钮

（4）三角符号。通过使用三角符号可以指示某个元素具有下拉菜单的功能。例如：

```
<span class="caret"></span>
```
代码效果如图 4-19 所示。

图 4-19　三角符号

（5）快速浮动类.pull-left 和.pull-right。可通过这两个类使得页面元素靠左或靠右浮动。这两个类样式的定义如下：

```
.pull-left {
  float: left !important;
}
.pull-right {
  float: right !important;
}
```
使用!important 加强了样式设置的优先级。因此调用这两个类的优先级为行内最高。例如：

```
<div class="pull-left">靠左边</div>
<div class="pull-right">靠右边</div>
```
（6）使内容块居中的类.center-block。为任意元素设置 display: block 属性并通过 margin 属性让其中的内容居中。类样式的定义如下：

```
.center-block {
    display: block;
    margin-left: auto;
    margin-right: auto;
}
```

可通过调用类.center-block 使得元素居中，例如：

```
<div class="center-block">居中</div>
```

（7）清除浮动。通过为父元素添加 .clearfix 类可以很容易地清除浮动（float）。例如：

```
<div class="clearfix"></div>
```

（8）可通过类.show 及.hidden 设置显示或隐藏内容。

```
<div class="show">show</div>
<div class="hidden">hidden</div>
```

4.2.4　表格样式

Bootstrap 提供了一些丰富的表格样式供开发者使用。HTML 代码如【例 4-18】所示。

【例 4-18】

```
<table>
    <thead>
        <tr>
                <th>姓名</th>
                <th>性别</th>
                <th>年龄</th>
        </tr>
    <tbody>
        <tr>
                <td>张三</td>
                <td>男</td>
                <td>34</td>
        </tr>
        <tr>
                <td>李四</td>
                <td>女</td>
                <td>29</td>
        </tr>
        <tr>
                <td>王明</td>
                <td>男</td>
                <td>38</td>
        </tr>
    </tbody>
    </thead>
</table>
```

代码效果如图 4-20 所示。

姓名	性别	年龄
张三	男	34
李四	女	29
王明	男	38

图 4-20　表格样式

（1）可对表格设置基本表格样式类. table。例如为【例4-18】的表格添加对.table 类的调用：

```
<table class="table">
```

代码效果如图4-21 所示。

姓名	性别	年龄
张三	男	34
李四	女	29
王明	男	38

图4-21　表格基本样式

（2）通过调用类. table-striped 可实现条纹状表格效果，让<tbody>里的行产生一行隔一行加单色背景效果。如为【例4-18】的表格添加类. table-striped 的调用如下：

```
<table class="table table-striped">
```

注意，表格效果的实现需要基于基本表格样式类.table。Bootstrap 源文件中.table-striped 的 CSS 样式定义如下：

```
.table-striped>tbody>tr:nth-of-type(odd){
    background-color:#f9f9f9;
}
```

代码效果如图4-22 所示。

姓名	性别	年龄
张三	男	34
李四	女	29
王明	男	38

图4-22　条纹状表格效果

（3）通过调用类.table-bordered 可给表格添加边框。例如：

```
<table class="table table-bordered">
```

代码效果如图4-23 所示。

姓名	性别	年龄
张三	男	34
李四	女	29
王明	男	38

图4-23　给表格添加边框

（4）通过调用类.table-hover 可以让<tbody>下的表格悬停鼠标指针实现背景效果。例如：

```
<table class="table table-hover">
```

（5）通过调用类.sr-only 可以隐藏行。例如：

```
<tr class="sr-only">
```

（6）通过调用类.table-responsive 可实现响应式表格。表格父元素设置响应式，当屏幕小于 768px 时，表格就会自适应，出现边框，多的隐藏可以滚动。例如：

```
<body class="table-responsive">
```

（7）精简表格。

（8）通过调用类.table-condensed class，行内边距（padding）被切为两半，可让表看起来更紧凑。

（9）上下文类允许改变表格行或单个单元格的背景颜色，具体如表 4-3 所示。

表 4-3　情境背景色

类	描述
.active	对某一特定的行或单元格应用悬停颜色
.success	表示一个成功的或积极的动作
.warning	表示一个需要注意的警告
.danger	表示一个危险的或潜在的负面动作

【例 4-19】是使用情境背景颜色的一个例子。

【例 4-19】

```
<table class="table">
  <thead>
    <tr>
      <th>产品</th>
      <th>付款日期</th>
      <th>状态</th></tr>
  </thead>
  <tbody>
    <tr class="active">
      <td>产品 1</td>
      <td>23/11/2018</td>
      <td>待发货</td></tr>
    <tr class="success">
      <td>产品 2</td>
      <td>10/11/2018</td>
      <td>发货中</td></tr>
    <tr class="warning">
      <td>产品 3</td>
      <td>20/10/2018</td>
      <td>待确认</td></tr>
    <tr class="danger">
      <td>产品 4</td>
      <td>20/10/2018</td>
      <td>已退货</td></tr>
  </tbody>
</table>
```

4.2.5 徽章

Bootstrap 中的徽章（Badges）与标签相似，主要的区别在于徽章的边角更加圆滑。徽章主要用于突出显示新的或未读的项。如需使用徽章，只需要把 <span class="badge"> 添加到链接、Bootstrap 导航等这些元素上即可。

设置未读信息数量徽章可使用以下代码：

```
<a href="#">信息 <span class="badge">10</span></a>
```

在按钮中使用徽章可使用以下代码：

```
<button class="btn btn-success"><span class="badge">3</span></button>
```

以下代码可激活状态自动适配色调：

```
<ul class="nav nav-pills">
    <li class="active">
        <a href="#">首页 <span class="badge">2</span></a>
    </li>
    <li><a href="#">资讯</a></li>
</ul>
```

【例 4-20】是一个使用徽章的例子。

【例 4-20】

```
<div class="container">
    <a href="#">短信消息<span class="badge">30</span></a>
    <button class="btn btn-success"
    type="button">message<span class="badge">30</span></button>
</div>
```

其实现效果如图 4-24 所示。

图 4-24　徽章效果图

4.2.6 字体图标

Bootstrap 捆绑了 200 多种字体格式的字形。字体图标是在 Web 项目中使用的图标字体。在 Bootstrap 源文件的 fonts 文件夹内可以找到字体图标，它包含了下列这些文件：

```
glyphicons-halflings-regular.eot
glyphicons-halflings-regular.svg
glyphicons-halflings-regular.ttf
glyphicons-halflings-regular.woff
```

相关的 CSS 规则写在 dist 文件夹内的 css 文件夹内的 bootstrap.css 和 bootstrap-min.css 文件上。

如需使用图标，可通过类似如下的代码调用相关的 class 即可，请注意在图标和文本之间保留适当的空间。

```
<span class="glyphicon glyphicon-search"></span>
```

【例 4-21】给出了若干使用字体图标的例子，其显示效果如图 4-25 所示。

【例 4-21】

```
<p>
    <button type="button" class="btn btn-default">
```

```
        <span class="glyphicon glyphicon-sort-by-attributes"></span>
    </button>
    <button type="button" class="btn btn-default">
        <span class="glyphicon glyphicon-sort-by-attributes-alt"></span>
    </button>
    <button type="button" class="btn btn-default">
        <span class="glyphicon glyphicon-sort-by-order"></span>
    </button>
    <button type="button" class="btn btn-default">
        <span class="glyphicon glyphicon-sort-by-order-alt"></span>
    </button>
</p>
```

图 4-25　图标使用效果示例

　　字体图标可以用于按钮等页面元素，还可以根据需要定制大小、字体颜色、阴影等效果。需要注意的是，使用字体图标时要对<span>元素调用所需要的字体图标类。如需使用其他字体图标，可参考以下网址：https://getbootstrap.com/docs/3.3/components/。

　　只需选中要使用的字体图标，把类名部分的代码复制，并让对应的<span>调用该类即可。

4.3　本章实训：Bootstrap 基本样式设置

　　打开 Adobe Dreamweaver CC，新建 HTML 页面，选择使用 Bootstrap 框架，如图 4-26 所示。如果网站文件夹中已有 Bootstrap 框架相关文件，可选择 "使用现有文件" 的选项。否则，可选择 "新建"，把 Bootstrap 框架相关文件复制到网站目录下。

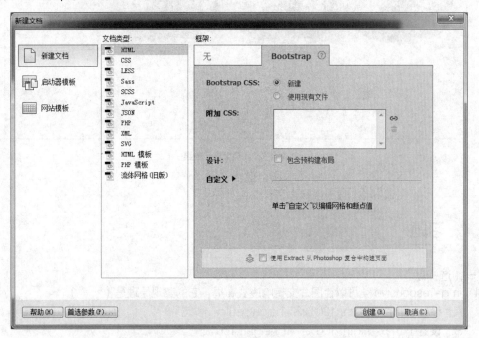

图 4-26　新建基于 Bootstrap 框架的 HTML 页面

单击"创建"按钮，创建新页面。

在\<body>部分输入以下页面代码：

```
<div class="jumbotron text-center" style="margin-bottom:0">
 <h1> 首页</h1>
</div>
<div class="container">
<h1>我的图片</h1>
<img src="img/1_320.jpg" class="img-circle"/>
<img src="img/1_320.jpg" class="img-circle"/>
<img src="img/1_320.jpg" class="img-circle"/>
<p class="text-primary">文字介绍</p>
<p class="text-primary">文字介绍</p>
<p class="text-primary">文字介绍</p>
<p class="text-info">我的信息……</p>
</div>
<div class="jumbotron text-center" style="margin-bottom:0">
 <p>版权所有</p>
</div>
```

页面效果如图 4-27 所示。可改变浏览器窗口大小，观察页面变化。

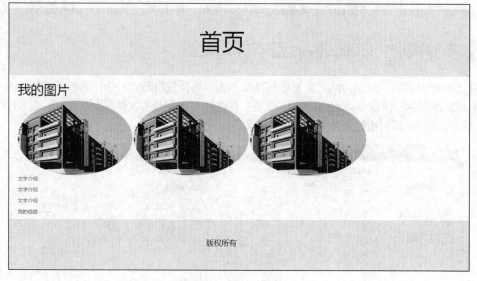

图 4-27　页面显示效果

 习题

一、选择题

1. img-responsive 类可以让图片支持响应式布局，它的实现原理是（ 　　 ）。

A. 设置了 max-width: 100%;和 height: auto;

B. 设置了 max-width: 100%; 和 height: 100%;

　　C.　设置了 width: auto;和 max-height: 100%;

　　D.　设置了 width: auto;和 height: auto;

2.　下列哪个类起徽章的作用?（　　　）

　　A.　page-header　　B.　jumbotron　　　C.　badge　　　　D.　thumbnail

3.　下列哪个类起巨幕显示的作用?（　　　）

　　A.　page-header　　B.　jumbotron　　　C.　badge　　　　D.　thumbnail

4.　通过对表格调用类（　　　）可实现条纹状表格效果。

　　A.　table　　　　　B.　table-striped　　C.　table-response　D.　table-hover

5.　以下代码实现了一个（　　　）按钮。

<button type="button" class="close">×</button>

　　A.　打开　　　　　B.　关闭　　　　　　C.　刷新　　　　　D.　提交

二、操作题

使用 Bootstrap 创建一个包含响应式表格的响应式页面。

Chapter

第 5 章

响应式布局

5.1 响应式网页布局概述

响应式网页的布局方式包括固定布局、流式布局、弹性布局和混合布局，我们可以针对网站的实际需要，选择不同的布局类型进行页面布局设计。

5.1.1 固定布局

在固定布局中，每个网页元素的宽度都必须指定固定的像素值。比如对最外层的 div，定义其宽度为 960px，代码如【例 5-1】所示。

【例 5-1】

```
<style type="text/css">
#container {
    width:960px;
    …
}
</style>
…
<div id="container">示例 </div>
```

在固定布局中，其他布局元素，如图像、段落等，其样式也是被指定为固定的像素值的。比如以下网页代码：

```
<img src="03.jpg" width="300" alt=""/>
<div style="font-size:24px">文字</div>…
```

这种布局方式如今仍比较常见，比如一些企业主页、门户网站等。因为这种布局方式提供了很强的稳定性与可控性，最大的优点就是可以以像素为单位，精确地控制每个网页元素所在的具体位置。但在移动互联网时代，这种固定布局缺点也是很明显的。由于各种设备的屏幕大小不一，如果设备的屏幕宽度小于固定布局的宽度，将会在浏览器底部出现一个滚动条，这个水平滚动条对于使用触屏设备的用户来说，可能会带来不太好的用户体验；而如果设备的屏幕宽度大于固定布局的宽度，网页的边缘会出现一些空白，这些空白的部分如果太宽，也会造成页面的显示效果不太友好，以及空间的浪费。所以，固定布局是无法满足响应式网页设计的需求的，尤其是面向各种不同设备的情形。

如果必须要使用固定布局，建议可参考主流设备的尺寸，设计几套不同宽度的布局方式，浏览时根据检测客户端的分辨率，并通过检测屏幕尺寸或浏览器宽度，选择最合适的那套宽度布局，即"自适应"的方法。但由于多版本的设计可能会造成网页结构的臃肿，并不建议广泛地使用。

5.1.2 流式布局

流式布局与固定宽度布局的最大不同点在于对网页布局元素定义的测量单位不同。固定布局设置元素宽度使用的单位是像素，但是流式布局使用的宽度单位是百分比。通过结合媒体查询技术（有时搭配 min-width、max-width 等属性使用），相对单位的百分比即页面元素的宽度按照屏幕分辨率进行适配调整，但整体布局不变。我们后面要学习的网格系统（或称栅栏系统）就是属于流式布局的。比如【例 5-2】就是流式布局的一个例子：

【例 5-2】

```
body {
    margin-left: auto;
    margin-right: auto;
    width: 92%;
    max-width: 960px;
    …
}
```

可见，网页中主要的划分区域的尺寸使用百分数，而 max-width/min-width 等属性则以像素为单位，这些属性可控制尺寸流动范围，以免过大或者过小影响浏览效果。例如上面的例子就设置网页主体的宽度为 92%，max-width（最大显示尺寸）则为 960px。图像等布局元素也可以做类似处理，例如 max-width 一般设定为图片本身的尺寸，防止被拉伸而失真。

流式布局如今在网页中非常常见，但也存在不足。因为虽然流式布局中宽度的单位是百分比，但高度、文字大小等仍是使用像素来指定的。如果屏幕尺度跨度太大，高度、文字的大小还是和原来一样（因为以像素为单位则无法变成"流式"），影响网页显示效果。弹性布局能一定程度地弥补这种不足。

5.1.3 弹性布局

弹性布局与流式布局的区别只是在于，包裹文字的布局元素的尺寸采用 em 为单位，而页面的主要区域的划分尺寸仍使用百分数为单位。弹性布局的文字大小单位是 em 或 rem，比如【例 5-3】所示。

【例 5-3】

```
#div1 {
    width:200rem;
    padding-top: 1rem;
    text-indent: 2em;
    …
}
```

上述布局把文字所在的 div 的宽度、文字大小、行距等与文字相关的元素都使用了 rem 作单位来定义，这种方式可以为开发人员提供一种很强的排版控制，尤其是大部分网页内容由文本来填充的网页。

5.1.4 混合布局

混合布局是上面介绍的两种或者更多布局类型的组合。比如，设置某些特定元素为固定宽度或固定高度，剩下的布局元素设置百分比，或者网页的内容显示则选择 em 或 rem，比如【例 5-4】所示。

【例 5-4】

```
#div2{
    width: 49.1525%;
```

```
        height: 200px;
  padding-top: 1rem;
        …
    }
```

　　混合式布局可以根据每种布局元素的性质和显示效果来选择最合适的布局方式。尤其是对于不同类型的页面排版布局，往往要采用不同的实现方式。比如，通栏、等分结构等适合采用弹性布局的方式，而对于非等分的多栏结构就需要采用混合布局的方式了。

5.2 网格布局

5.2.1 网格布局的概念

　　网格系统，也称为栅格系统，是通过一系列的行（row）与列（column）的组合来进行网页布局。网格系统其实早已广泛应用在印刷媒体上，而在网页布局与设计上也可借鉴这种思想。一个网格可以理解为水平与垂直方向相互相交的二维结构体。以网格作为框架，可以让开发者有效地组织文本、图像等网页内容的布局与显示。网格系统的好处包括：可以为展示内容提供顺序性、创意性和和谐性；方便用户更容易找到需要的信息；用户可以方便地添加新的内容，而不会轻易破坏网页原本的结构等。

　　为了构建一个完整的网格布局，第一步是创建本身的画布结构。画布的大小将决定网格框架大小，整个画布可能被平均分割成4、6、9、12等不同的等分，这是界面布局开始的准备工作。

　　在网格布局中，可以让网页元素来决定网格的设计，根据网页元素来设计适合的网格尺寸，包括图像、视频、文字、广告、链接等等，而且网格也可用百分比的形式来划分。网格结构中，布局一般从垂直或水平方向平均划分，从而提供一致的组织空间。现在有很多基于CSS的网格模型和框架。比如Grid System 960、Gridr Buildrrr等，都可以借助它们来创建简单、快速、有效的网格布局。

　　图5-1所示的是使用Dreamweaver自带模板创建的一个流式网格布局，这种布局把网页最多分成了12列，随着屏幕大小的变化，还分别有4列、8列的情形。网页元素的大小都不尽相同，网格的宽度应该怎么设置呢？其实在网格布局中，每个元素可占用一列或多列网格。比如这个网中，有些布局元素就分别占据了4列、6列等。使用Dreamweaver CC创建这种流式网格布局网页的方法如图5-2所示。

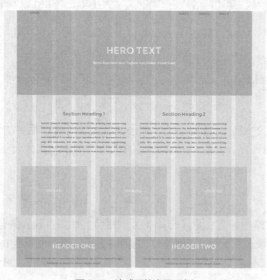

图5-1　流式网格布局示例

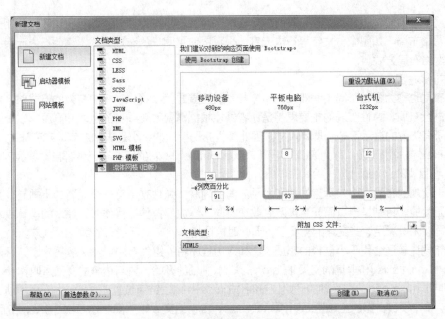

图 5-2　新建网格布局选项

　　我们可以使用 Dreamweaver CC 的这种网格布局模板来建立网格布局页面，当然如今 Bootstrap
是更好的选择。

5.2.2　CSS 中的 Flex 与 Grid

　　本节我们将对 W3C 中新引入的布局系统 Flex 和 Grid 做简要介绍。Flex 布局又称弹性盒子布局，
它于 2009 年提出，现已进入 CSS 3 标准。而 CSS Grid 现在也已经被 W3C 提出作为 CSS 3 的一种布
局模块，而且现在也已经有一些最新版本的浏览器支持这种布局模块。虽然现在主流浏览器对 Flex 和
Grid 的支持度还不够，但作为前端布局的发展趋势，其是非常具有发展前景的，预计未来将会有越来
越多的浏览器支持这些模块，因此我们有必要对这两种模块做一些了解。

　　现有的网页布局主要是基于盒模型的布局方式，其我们结构如图 5-3 所示，可通过 display、float、
position 等属性控制这种盒子布局。

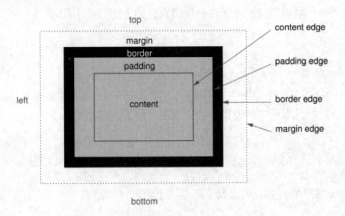

图 5-3　CSS 盒子模型（CSS Box Model）

　　而在 CSS 的新标准中，我们还可以把任何页面布局元素指定为 Flex 布局方式或 Grid 布局方式。

只需在布局元素中加入"display: flex;"或"display: grid;"这样的语句，即可将该元素声明为弹性盒子布局或网格布局。如图像、文字等行内元素，也可以使用同样的布局方式，声明行内元素的弹性盒子布局或网格布局方式。

1. Flex 布局

Flex 布局也称为弹性布局（flexible box）模块，主要是为了提供一个更有效的方式对容器之间的各项内容进行布局。弹性布局的主要思想是让容器能根据需要改变项目的宽度和高度，以填满可用空间，满足所有类型的显示设备和屏幕尺寸。因此弹性布局模块的大小是未知或者动态变化的。

采用 Flex 布局的元素，称为 Flex 容器（Flex container）。它的所有子元素都自动成为容器成员，称为 Flex 项目（Flex item）。

相对于常规的布局，比如垂直的块和水平方向的内联，弹性布局有一个显著的不同是，弹性布局是与方向无关的。特别是当页面元素涉及到改变方向、缩放、拉伸等操作时，原来的垂直或水平的块状结构就显然无法满足这些变化的需要了，而此时恰恰是弹性布局展现它的优势的地方。

Flex 布局比较适合用于小规模的布局，比如应用程序中的组件布局。Flex 容器中默认存两根轴：水平的主轴(main axis)和垂直的交叉轴(cross axis)。主轴的开始位置与边框的交叉点叫作 main start，结束位置叫作 main end；交叉轴的开始位置叫作 cross start，结束位置叫作 cross end。项目默认沿主轴排列。单个项目占据的主轴空间叫作 main size，占据的交叉轴空间叫作 cross size。在 Flex 容器中，其项目是沿着主轴（main axis），从主轴起点（main-start）到主轴终点（main-end），或者沿着侧轴（cross axis），从侧轴起点（cross-start）到侧轴终点（cross-end）来排列的。Flex 容器中项目的排列方式取决于其尺寸、方向、物理位置等。Flex 容器的结构示意图如图 5-4 所示。

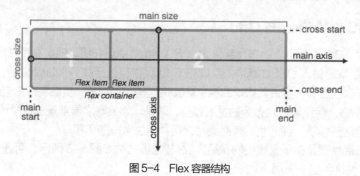

图 5-4　Flex 容器结构

通过"display:flex"可以定义一个弹性布局模块，如【例 5-5】所示。

【例 5-5】

```
.box {
        display: flex;
}
```

由于 Flex 项目的排列有别于传统的盒子模型，这种基于 Flex 模块的弹性布局将使得我们对布局元素的控制更加便利。比如元素居中的设置，我们现在一般是这样写的：

```
.container {
    width: 90%;
    margin: auto;
}
```

而如果使用 Flex 布局的方式，可以如【例 5-6】所示这样写：

【例 5-6】

```
.flex-container {
    display: flex;                    /*定义弹性布局元素 */
```

```
        flex-flow: row wrap;
        /* 等价的写法可以是:
         flex-direction: row;
         flex-wrap: wrap;
         */
        justify-content: space-around;
    }
```

【例 5-6】的这段代码中, "flex-flow:row wrap" 实际上是设置了 flex-direction 和 flex-wrap 两个属性, 其等价的写法可以是: "flex-direction: row;flex-wrap: wrap;"。属性 "flex-direction:row" 设置了布局元素控制子元素的排列方式为从左到右, 而 "flex-wrap:wrap" 设置了子元素超出容器范围时采用的换行方式。把这两个属性合起来设置就是 "flex-flow:row wrap"。最后一个属性 "justify-content:space-around" 定义了如何分配伸缩容器的剩余空间, 这里设置的是在盒子中平均分布。跟传统的盒子模型相比, 在这个弹性容器中去掉了原来对于宽度的设置, 这就可以让容器的尺寸完全取决于容器的内容大小, 实现了容器的完全弹性化。

还有【例 5-7】这个导航菜单的例子, 通过设置属性 justify-content, 就可以设置导航菜单在不同显示尺寸下分别是右对齐 (flex-end) 还是居中 (space-around), 而 flex-direction 可以控制内容排列的方式是纵向还是横向的。

【例 5-7】

```
.navigation {
    display: flex;
    flex-flow: row wrap;
    justify-content: flex-end;              /*内容向右对齐*/
}
@media all and (max-width: 800px) {
 .navigation {
        justify-content: space-around;    /*居中 */
  }
}
@media all and (max-width: 500px) {
 .navigation {
     flex-direction: column;              /* 内容纵向排列*/
  }
}
```

2. Grid 布局

类似于 Flex 布局方式, Grid 布局中基本的单位是网格线与网格。比较而言, Flex 布局更适用于小规模的容器, 而 Grid 布局则在大规模的布局范围中更占优势。采用 Grid 布局的元素称为 Grid 容器(Grid container)。容器中网格线的分隔组成了网格的结构, 网格线可以是垂直的 ("列网格线") 或者水平的 ("行网格线")。图 5-5 所示的是网格的一个例子。网格单元是指两根毗邻的行网格线和列网格线中间的位置, 即图中灰色的部分。

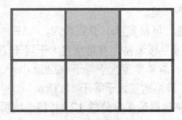

图 5-5　网格布局及网格线

与 Flex 类似，也可以通过"display: grid;"来定义一个网格布局的容器。可以使用 grid-template-rows 和 grid-template-columns 属性来设置每个网格行、列的大小及网格的行数、列数。比如【例5-8】这段代码就定义了图5-6所示的网格。

【例5-8】

```
#grid {
    display: grid;                      /*网格布局容器 */
    grid-template-columns: 20px 40px;   /*列宽设置 */
    grid-template-rows: 20px 40px;      /*行高设置 */
}
#A { grid-column: 1; grid-row: 1; }
#B { grid-column: 2; grid-row: 1; }
#C { grid-column: 1; grid-row: 2; }
#D { grid-column: 2; grid-row: 2; }
</style>
```

其中，属性 grid-template-columns 设置了两个列的宽度，而 grid-template-rows 则分别设置了两行的高度。后面4行则分别定义了A、B、C、D几个区域所占据的网格对应区域。

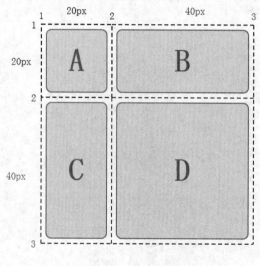

图5-6　网格布局示例

5.3 使用 Bootstrap 实现网格布局

5.3.1 Bootstrap 网格布局概述

Bootstrap 4 的网格系统有以下5类。

① .col-xs-：针对小屏幕设备，屏幕宽度小于768px。

② .col-sm-：小型显示设备或平板设备，屏幕宽度大于等于768px小于992px。

③ .col-md-：中型显示设备，屏幕宽度大于等于992px小于1200px。

④ .col-lg-：大型显示设备，屏幕宽度大于等于1200px。

Bootstrap 框架中的网格系统将容器最多平分成12列，每个网页元素可以占据其中的一列或多列。其结构如图5-7所示。

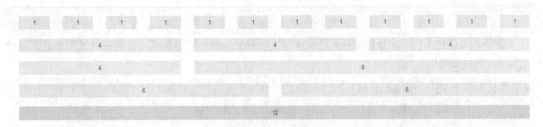

图5-7 Bootstrap 网格示例

表 5-1 总结了 Bootstrap 网格系统如何在不同设备上工作。

表 5-1 不同设备上的 Bootstrap 网格系统

	超小设备手机 （<768px）	小型设备，平板电脑 （≥768px）	中型显示设备 （≥992px）	大型显示设备 （≥1200px）
网格行为	一直是水平的	以折叠开始，断点以上是水平的	以折叠开始，断点以上是水平的	以折叠开始，断点以上是水平的
最大容器宽度	None（auto）	750px	970px	1170px
class 前缀	col-xs-*	col-sm-*	col-md-*	col-lg-*
最大列数量和	12			
最大列宽	自动	60px	78px	95px
间隙宽度	30px（一个列的每边分别 15px）			
可嵌套	是			
偏移量	是			
列排序	是			

在 Bootstrap 中，网格布局的容器必须先定义为.container 类，网格中的行定义为.row 类，行必须包含在容器（.container）中，以便为其赋予合适的对齐方式和内距（padding）。而在行（.row）中可以添加列（.column），但列数之和不能超过总列数 12。具体内容的页面元素应当放置在列容器（.column）内，而且只有列（column）才可以作为行容器（.row）的直接子元素。网格系统中的列是通过指定 1 到 12 的值来表示其跨越的范围的。例如，3 个等宽的列可以使用 3 个.col-xs-4 来创建。如果一行（.row）中包含的列（.column）大于12，多余的列（.column）所在的元素将被作为一个整体另起一行排列。

【例 5-9】的代码显示了 Bootstrap 网格的基本结构。注意首先需要在页面中使用类似如下的语句导入 Bootstrap 框架（假设这两个文件都在当前网站目录下）：

```
<link href="bootstrap.css" rel="stylesheet">
<script src="jquery-1.11.2.min.js"></script>
```

【例 5-9】

```
<body>
<div class="container">
  <div class="row">
    <div class="col-lg-4"></div>
    <div class="col-lg-8"></div>
  </div>
  <div class="row">…</div>
  ...
</div>
```

```
    <div class="container">…
</body>
```

下面我们可通过【例5-10】的例子更深入地认识Bootstrap网格系统。首先在样式表中定义一个样式类.a，代码如下：

```
.a {
    height: 60px;
    background-color: #eee;
    border:1px solid #ccc;
}
```

然后按【例 5-10】给出的代码，创建包含多列的响应式行。需要注意的是，因为这里使用的是.col-md-适用于中等屏幕，当屏幕或浏览器宽度小于970px时，则每个列都占一行显示。

【例5-10】

```
<div class="container">
    <div class="row">
        <div class="col-md-1 a">1<br>.col-md-1</div>
        <div class="col-md-1 a">2</div>
        <div class="col-md-1 a">3</div>
        <div class="col-md-1 a">4</div>
        <div class="col-md-1 a">5</div>
        <div class="col-md-1 a">6</div>
        <div class="col-md-1 a">7</div>
        <div class="col-md-1 a">8</div>
        <div class="col-md-1 a">9</div>
        <div class="col-md-1 a">10</div>
        <div class="col-md-1 a">11</div>
        <div class="col-md-1 a">12</div>
    </div>
    <div class="row">
        <div class="col-md-8 a">.col-md-8</div>
        <div class="col-md-4 a">.col-md-4</div>
    </div>
    <div class="row">
        <div class="col-md-4 a">.col-md-4</div>
        <div class="col-md-4 a">.col-md-4</div>
        <div class="col-md-4 a">.col-md-4</div>
    </div>
    <div class="row">
        <div class="col-md-6 a">.col-md-6</div>
        <div class="col-md-6 a">.col-md-6</div>
    </div>
    <div class="row">
        <div class="col-md-3 a">.col-md-3</div>
        <div class="col-md-3 a">.col-md-3</div>
        <div class="col-md-3 a">.col-md-3</div>
        <div class="col-md-3 a">.col-md-3</div>
    </div>
</div>
```

代码效果如图5-8所示。

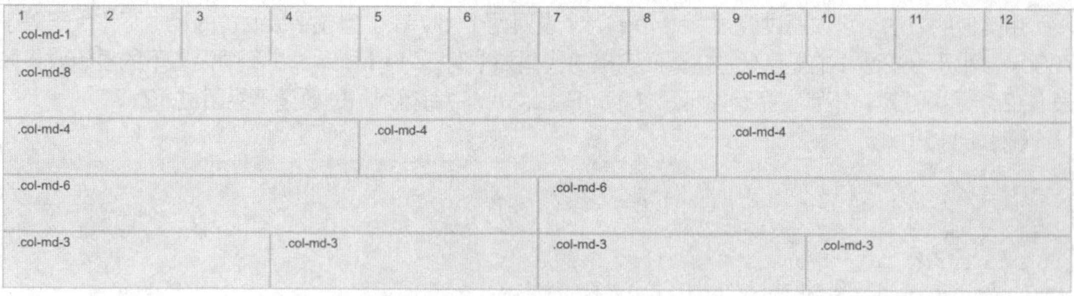

1	2	3	4	5	6	7	8	9	10	11	12
.col-md-1											
.col-md-8								.col-md-4			
.col-md-4				.col-md-4				.col-md-4			
.col-md-6						.col-md-6					
.col-md-3			.col-md-3			.col-md-3			.col-md-3		

图 5-8 栅格行与列示例

5.3.2 Bootstrap 响应式网格布局

构建 Bootstrap 页面网格层次结构，包括最外部的容器（container）和网格中的行（row）。代码类似如下：

```
<div class="container">
    <div class="row">
            <div></div>
            <div></div>
    </div> </div>
```

假如这个网格第 1 行包含了两列，给这两列添加不同的背景颜色（假设是浅灰色和浅黄色）。先设置这两列在大型显示设备中所占的宽度，代码如下所示：

```
<div class="container">
  <div class="row">
    <div class="col-lg-4" style="background-color:silver"></div>
    <div class="col-lg-8" style="background:yellow"></div>
  </div>
</div>
```

col-lg-*定义的是在大型显示尺寸（≥1200px）的设备下显示的。拖动显示窗口边框，改变窗口大小为大于等于 992px 且小于 1200px 的区间，可见在此显示尺寸下，这两个 div 默认是纵向层叠显示的，这是由于还没对当前显示尺寸下每个 div 的宽度进行设置，这时每个 div 默认是占据一行的宽度的。如果要让两个 div 显示在一行，则需要对每个 div 设置其 col-md-*的属性。设置前后当前的显示视图下，显示效果的区别如图 5-9 所示。代码如下所示，留意加粗处代码较之前的变化。

```
<div class="container">
  <div class="row">
     <div class="col-lg-3 col-md-4" style="background-color:silver">
</div>
    <div class="col-lg-9 col-md-8" style="background:yellow">
     </div>
  </div>
</div>
```

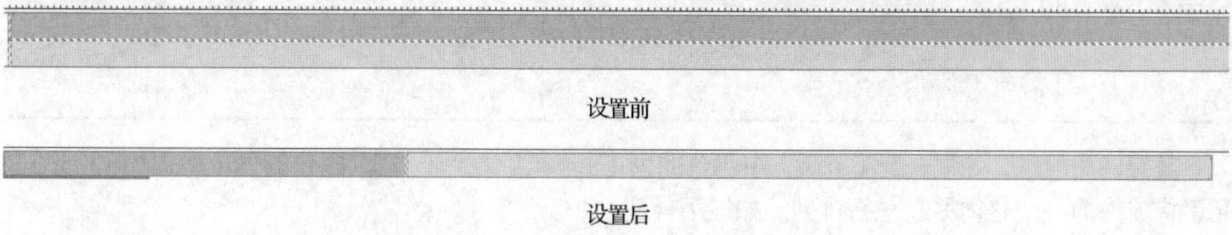

设置前

设置后

图 5-9 设置 col-md-*前后两个 div 的显示效果区别

　　用类似的方法，可以通过属性 col-md-sm 设置两个 div 在小型或平板设备的尺寸下（大于等于 768px 且小于 992px）的显示尺寸。页面完整的代码如【例 5-11】所示。在不同设备下的显示效果如表 5-2 所示。注意：不管在哪种显示尺寸下，Bootstrap 中每行网格的数量不能超过 12。

【例 5-11】

```html
<body>
    <link href="bootstrap.css" rel="stylesheet">
    <script src="jquery-1.11.2.min.js"></script>
    <script src="bootstrap.js"></script>
    <div class="container">
     <div class="row">
       <div class="col-lg-3 col-md-4 col-sm-6" style="background-color:silver">
        <nav><ul type="none">导航<li>主页</li><li>介绍</li><li>联系我们</li></ul></nav>
       </div>
       <div class="col-lg-9 col-md-8 col-sm-6" style="background:yellow">
广东开放大学始终坚持以终身教育理念为先导，以服务全民学习、终身学习、促进人的全面发展为宗旨，实现教育观念、教育对象、培养模式、学习资源、师资队伍和方法手段的开放，推动信息技术与教育教学的深度融合，致力于满足广大学习者多样化的学习需求，培养具有自主学习能力和终身发展能力的、适应广东经济社会发展需要的应用型专门人才。
       </div>
     </div>
    </div>
</body>
```

表 5-2　不同尺寸下页面显示效果的区别

显示尺寸	显示效果
大型显示设备（≥1200px）	导航 主页 介绍 联系我们　　广东开放大学始终坚持以终身教育理念为先导，以服务全民学习、终身学习、促进人的全面发展为宗旨，实现教育观念、教育对象、培养模式、学习资源、师资队伍和方法手段的开放，推动信息技术与教育教学的深度融合，致力于满足广大学习者多样化的学习需求，培养具有自主学习能力和终身发展能力的、适应广东经济社会发展需要的应用型专门人才。
中型显示设备（≥992px 且 <1200px）	导航 主页 介绍 联系我们　　广东开放大学始终坚持以终身教育理念为先导，以服务全民学习、终身学习、促进人的全面发展为宗旨，实现教育观念、教育对象、培养模式、学习资源、师资队伍和方法手段的开放，推动信息技术与教育教学的深度融合，致力于满足广大学习者多样化的学习需求，培养具有自主学习能力和终身发展能力的、适应广东经济社会发展需要的应用型专门人才。
小型设备，平板电脑（≥768px 且 <992px）	导航 主页 介绍 联系我们　　广东开放大学始终坚持以终身教育理念为先导，以服务全民学习、终身学习、促进人的全面发展为宗旨，实现教育观念、教育对象、培养模式、学习资源、师资队伍和方法手段的开放，推动信息技术与教育教学的深度融合，致力于满足广大学习者多样化的学习需求，培养具有自主学习能力和终身发展能力的、适应广东经济社会发展需要的应用型专门人才。
超小设备手机（<768px）	导航 主页 介绍 联系我们 广东开放大学始终坚持以终身教育理念为先导，以服务全民学习、终身学习、促进人的全面发展为宗旨，实现教育观念、教育对象、培养模式、学习资源、师资队伍和方法手段的开放，推动信息技术与教育教学的深度融合，致力于满足广大学习者多样化的学习需求，培养具有自主学习能力和终身发展能力的、适应广东经济社会发展需要的应用型专门人才。

　　需要注意的是，如果一行（.row）中包含的列（.column）大于 12，多余的列（.column）所在的元素将被作为一个整体另起一行排列。如以下代码：

```html
<div class="container">
    <div class="row">
```

```
        <div class="col-lg-3 col-md-4 col-sm-6 col-xs-6 a">1</div>
        <div class="col-lg-3 col-md-4 col-sm-6 col-xs-6 a">2</div>
        <div class="col-lg-3 col-md-4 col-sm-6 col-xs-6 a">3</div>
        <div class="col-lg-3 col-md-4 col-sm-6 col-xs-6 a">4</div>
        <div class="col-lg-3 col-md-4 col-sm-6 col-xs-6 a">5</div>
        <div class="col-lg-3 col-md-4 col-sm-6 col-xs-6 a">6</div>
        <div class="col-lg-3 col-md-4 col-sm-6 col-xs-6 a">7</div>
        <div class="col-lg-3 col-md-4 col-sm-6 col-xs-6 a">8</div>
        <div class="col-lg-3 col-md-4 col-sm-6 col-xs-6 a">9</div>
        <div class="col-lg-3 col-md-4 col-sm-6 col-xs-6 a">10</div>
        <div class="col-lg-3 col-md-4 col-sm-6 col-xs-6 a">11</div>
        <div class="col-lg-3 col-md-4 col-sm-6 col-xs-6 a">12</div>
    </div>
</div>
```

当屏幕宽度不断缩小时，可以出现图5-10～图5-12所示的几种效果图。

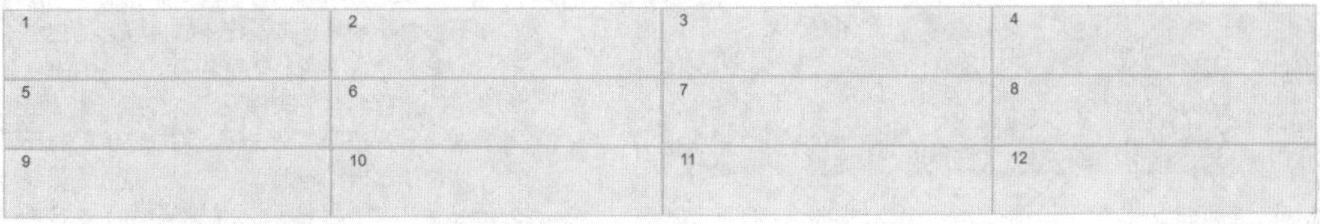

1	2	3	4
5	6	7	8
9	10	11	12

图5-10 屏幕≥1200px

1	2	3
4	5	6
7	8	9
10	11	12

图5-11 992px≤屏幕<1200px

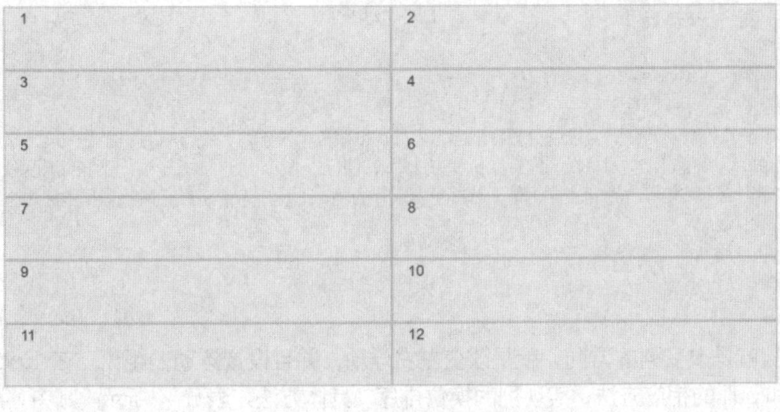

1	2
3	4
5	6
7	8
9	10
11	12

图5-12 768px≤屏幕≤992px 或屏幕<768px

5.3.3 列偏移与列排序

有时候，我们不希望相邻的两个列紧靠在一起，可以用列偏移（offset）属性来实现。使用列偏移只需在列元素上添加如表 5-3 所示的类名，这个列就会偏移指定的值。其中*号表示设置偏移的列数值，可偏移的列数可设置为从 0～12，最大不能超过 12。与前面类似，网格结构中一行所有的列的数量设置加起来，其总数不能超过 12。

表5-3 列偏移设置

	超小设备手机 （<768px）	小型设备，平板电脑 （≥768px）	中型显示设备 （≥992px）	大型显示设备 （≥1200px）
列偏移属性	xs-offset-*	sm-offset-*	md-offset-*	lg-offset-*

例如，对【例 5-11】的代码做如下修改（如【例 5-11】加粗处所示），则在介于 768px 和 992px 的显示尺寸下，第 2 个 div 前出现了 1 列宽度的分隔距离，如图 5-13 所示。如果不添加其他视图下 offset 属性的设置，则其他视图下两个 div 之间也会维持 1 列的偏移，从而导致页面在显示设备尺寸变化的情况下，发生显示效果的偏差。因此，需强制把其他视图下两列间的偏移设为 0。

图5-13　添加列偏移后在对应显示尺寸下的效果

【例 5-12】

```
<body>
    <link href="bootstrap.css" rel="stylesheet">
    <script src="jquery-1.11.2.min.js"></script>
    <script src="bootstrap.js"></script>
    <div class="container">
     <div class="row">
        <div class="col-lg-3 col-md-4 col-sm-6" style="background-color:silver">
        <nav><ul type="none">导航<li>主页</li><li>介绍</li><li>联系我们</li></ul></nav>
     </div>
        <div class="col-lg-9 col-md-8 col-sm-5 col-sm-offset-1 col-lg-offset-0
col-md-offset-0" style="background:yellow">
        广东开放大学始终坚持以终身教育理念为先导，以服务全民学习、终身学习、促进人的全面发展为宗旨，实现
教育观念、教育对象、培养模式、学习资源、师资队伍和方法手段的开放，推动信息技术与教育教学的深度融合，致力于满足广
大学习者多样化的学习需求，培养具有自主学习能力和终身发展能力的、适应广东经济社会发展需要的应用型专门人才。
        </div>
     </div>
    </div>
</body>
```

列排序其实就是改变列的方向，就是改变左右浮动，并且设置浮动的距离。在 Bootstrap 中还可以通过 push 和 pull 的相应方法，实现列的换位排序。具体方法如表 5-4 所示。其中*号表示设置浮动的列数，可浮动的列数可设置为从 0～12，最大不能超过 12。类似地，网格结构中一行所有的列的数量设置加起来，其总数不能超过 12。

表 5-4　列排序设置

	超小设备手机 （<768px）	小型设备，平板电脑 （≥768px）	中型显示设备 （≥992px）	大型显示设备 （≥1200px）
向左浮动 pull	xs-pull-*	sm-pull-*	md-pull-*	lg-pull-*
向右浮动 push	xs-push-*	sm-push-*	md-push-*	lg-push-*

修改【例 5-12】中两个 div 标签代码如【例 5-13】中加粗处所示。添加列排序后在对应显示尺寸下的视图如图 5-14 所示。

【例 5-13】

```
<div class="container">
<div class="row">
<div class="col-lg-3 col-md-4 col-sm-6 col-xs-6 col-xs-push-6 col-lg-push-0 col-md-push-0
col-sm-push-0" style="background-color:silver">
    …
</div>
    <div class="col-lg-9 col-md-8 col-sm-5 col-sm-offset-1 col-lg-offset-0 col-md-offset-0
col-xs-6 col-xs-pull-6 col-lg-pull-0 col-md-pull-0 col-sm-pull-0" style="background:yellow">…
    </div>
    </div>
</div>
```

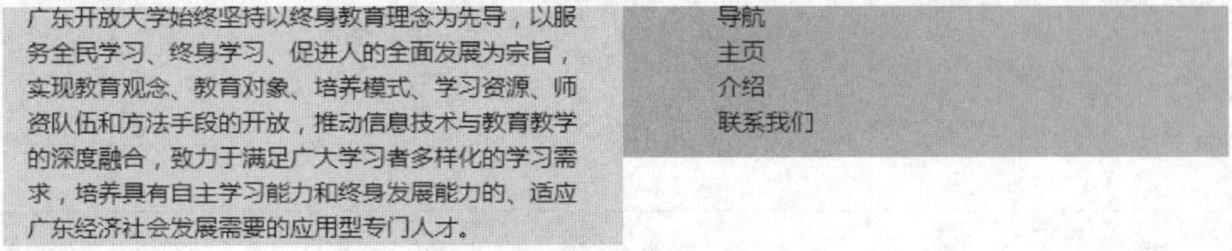

广东开放大学始终坚持以终身教育理念为先导，以服务全民学习、终身学习、促进人的全面发展为宗旨，实现教育观念、教育对象、培养模式、学习资源、师资队伍和方法手段的开放，推动信息技术与教育教学的深度融合，致力于满足广大学习者多样化的学习需求，培养具有自主学习能力和终身发展能力的、适应广东经济社会发展需要的应用型专门人才。

导航
主页
介绍
联系我们

图 5-14　添加列排序后在对应显示尺寸下的效果

可见，在小于 768px 的显示尺寸下，原本应该在前面的导航栏，通过 push 向右浮动到页面右侧，而当前行中的第 2 列则通过 pull 向左浮动到页面左侧了。需要注意，如果要维持其他显示尺寸下这两列 div 的顺序，需要强制设置其他显示尺寸下 pull 及 push 的值为 0，如【例 5-13】中代码所示。

5.3.4　列嵌套

Bootstrap 的网格系统还支持列的嵌套。即可以在一个列中添加一个或者多个行（row）容器，然后在当前这个行容器中插入列。类似地，嵌套列的数量也不能超过 12。【例 5-14】是列嵌套的一个例子。其对应显示尺寸下显示效果如图 5-15 所示。

【例 5-14】

```
<div class="container" style=" font-size:24px">
    <div class="row">
        <div class="col-md-8">
            <div class="row">
            <div class="col-md-6" style="background:yellow">第 1 行第 1 列 col-md-6</div>
            <div class="col-md-6">第 1 行第 1 列 col-md-6</div>
                </div>
            </div>
    <div class="col-md-4" style="background:#E1D8D8">第 1 行第 2 列</div>
```

```
            </div>
        </div>
```

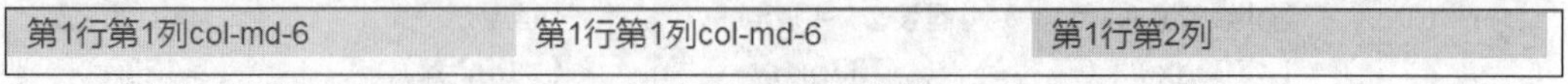

| 第1行第1列col-md-6 | 第1行第1列col-md-6 | 第1行第2列 |

图 5-15　列嵌套的显示效果

【例 5-15】是另一个列嵌套的例子，其显示效果如图 5-16 所示。

【例5-15】

```
<style type="text/css">
.a {
    height: 60px;
    background-color: #eee;
    border:1px solid #ccc;
}
</style>
<div class="container">
    <div class="row">
        <div class="col-md-9 ">
            1-10
            <div class="row">
                <div class="col-md-8 ">1-8</div>
                <div class="col-md-4 ">9-12</div>
            </div>
        </div>
        <div class="col-md-3 ">11-12</div>
    </div>
</div>
```

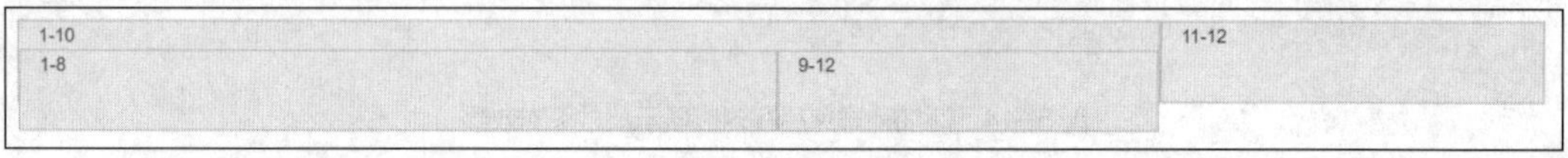

| 1-10 | | 11-12 |
| 1-8 | 9-12 | |

图 5-16　列嵌套示例

5.4　本章实训：基于 Bootstrap 的响应式布局实现

5.4.1　建立页面基本结构

打开 Adobe Dreamweaver CC，新建 HTML 页面，选择使用 Bootstrap 框架，如图 5-17 所示。如果网站文件夹中已有 Bootstrap 框架相关文件，可选择"使用现有文件"的选项。否则可选择"新建"，把 Bootstrap 框架相关文件复制到网站目录下。

单击"创建"按钮，创建新页面。

输入以下页面代码，建立网页的基本结构：

```
<div class="container">
 <div class="row">
<div>nav1</div>
<div>nav2</div>
</div>
 <div class="row">
 <div>article1</div>
```

```
<div>article2</div>
<div>article3</div>
</div>
</div>
```

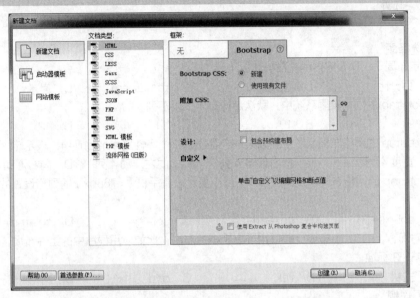

图 5-17　新建基于 Bootstrap 框架的 HTML 页面

5.4.2　响应式布局的实现

增加布局代码如下：

```
<div class="container">
    <div class="row">
<div class="col-lg-4 col-lg-push-0 col-md-4 col-md-push-8">nav1</div>
<div class="col-lg-8 col-lg-pull-0 col-md-8 col-md-pull-4">nav2</div>
</div>
    <div class="row">
<div class="col-lg-4 col-md-4 col-sm-4" style="background:#E1E3B1;">article1</div>
<div class="col-lg-4 col-md-4 col-sm-4" style="background:#E1E3B1;">article2</div>
<div class="col-lg-4 col-md-4 col-sm-4" style="background:#E1E3B1;">article3</div>
</div>
</div>
```

　　请结合页面在不同尺寸下的显示效果（如图 5-18 所示）分析代码。可在此基础上继续丰富页面显示代码。

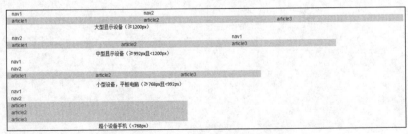

图 5-18　不同页面下的显示效果

 习题

一、选择题

1. 固定布局下，网页容器的宽度一般以（　　）为单位。

    A. 百分比   B. 像素   C. rem 或 em   D. 厘米

2. Bootstrap 的网格布局系统中，默认每行有（　　）列。

    A. 9   B. 10   C. 11   D. 12

3. Bootstrap 的网格布局系统中，如果一个容器有一个属性是 sm-pull-4，表示（　　）。

    A. 宽度 4 列   B. 向右偏移 4 列   C. 向左浮动 4 列   D. 向右浮动 4 列

4. Bootstrap 的网格布局系统的显示中，超小显示设备手机（<768px）的列宽设置的类名前缀为（　　）。

    A. col-xs-*   B. col-sm-*   C. col-lg-*   D. col-md-*

5. 相对而言，（　　）布局比较适用于小规模的布局，比如应用程序中的组件布局，该布局元素已进入了 CSS 3 标准。

    A. 盒状   B. flex   C. grid   D. 网格

二、操作题

使用 Adobe Dreamweaver CC 实现一个 Bootstrap 网格布局网页。

要求：

1. 题目自拟，素材自行收集。

2. 要求实现 4 种不同显示尺寸下的布局要有所区别。

3. 页面结构完整，有一定内容呈现。

第6章

Bootstrap 组件设计

本章中，我们将使用 Bootstrap 3 中定义的网页元素实现响应式网页。需要注意的是，本章中的所有例子的实现都必须先导入 Bootstrap 3.x 相关的文件才能在浏览器中显示相应的效果。

6.1 Bootstrap 表单设计

6.1.1 基础表单

使用 Bootstrap，通过一些简单的 HTML 标签和扩展的类，即可创建出不同样式的表单。Bootstrap 提供了 3 种类型的表单布局：垂直表单（默认）、内联表单和水平表单。

1. 垂直表单

垂直表单是 Bootstrap 表单的默认形式。基本的表单结构是 Bootstrap 自带的，个别的表单控件自动接收一些全局样式。以下是创建基本表单的步骤。

（1）向父 <form> 元素添加 role="form"。

（2）把标签和控件放在一个带有 class 为 form-group 的 <div> 中。.form-group 设置了 15px 的下边距，因此这样可以获取表单元素的最佳间距。

（3）向所有的文本元素 <input>、<textarea> 和 <select> 添加 class ="form-control"。

【例6-1】是创建一个垂直表单（基本表单）的例子。默认情况下，Bootstrap 中的 input、select 和 textarea 等元素的宽度是 100%，其效果如图 6-1 所示。

【例6-1】

```
<div class="container">
  <form role="form">
  <div class="form-group">
    <label for="name">名称</label>
    <input type="text" class="form-control " id="name" placeholder="请输入名称">
  </div>
    <div class="form-group"> <button type="submit" class="btn btn-default">提交</button>
</div>
    <div class="form-group "> <button type="submit" class="btn btn-default">取消</button>
  </div>
  </form>
</div>
```

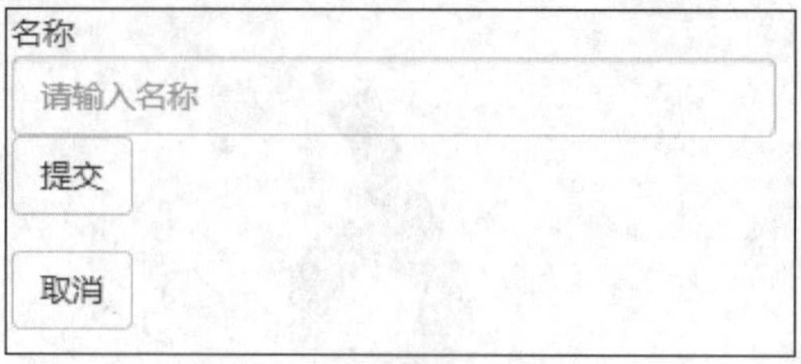

图6-1　基础表单示例

2．内联表单

如果需要创建一个表单，它的所有元素是内联的，向左对齐的，标签是并排的，可向<form>标签添加 class .form-inline。

可以分别使用.input-lg/ input-sm 和.col-lg-*类来分别设置表单的文字大小和宽度。比较【例6-2】内联表单中几个文本输入框的文字大小及宽度，其显示效果如图 6-2 所示。

【例6-2】

```
<div class="container">
    <form class="form-inline" role="form">
     <div class="row">
     <div>
 <input type="text" class="form-control input-lg col-lg-5" placeholder=".col-lg-5 加大字
体">
     </div>
     <div >
<input type="text" class="form-control input-sm col-lg-4" placeholder=".col-lg-4 缩小字体
">
     </div>
     <div >
<input type="text" class="form-control col-lg-3" placeholder=".col-lg-3 默认字体大小">
     </div>
    </div>
 </form>
    </div>
```

图6-2　内联表单及字体大小设置示例

默认情况下（即垂直表单中），Bootstrap 中的 input、select 和 textarea 均为 100% 宽度。而使用内联表单时，可以对表单控件设置一个宽度。如果要隐藏内联表单的标签，可使用类 sr-only，如【例6-3】所示。表单在大于 768px 下的显示效果如图 6-3 所示。

【例6-3】

```
<div class="container">
    <form class="form-inline" role="form">
  <div class="form-group">
   <label class="sr-only" for="name">名称</label>
     <input type="text" class="form-control" id="name" placeholder="请输入名称">
  </div>
    <div class="form-group">
     <label class="sr-only" for="inputfile">文件输入</label>
```

```
        <input type="file" id="inputfile">
    </div>
    <button type="submit" class="btn btn-default">提交</button>
</form>
    </div>
```

图6-3　内联表单宽屏显示效果示例

需要注意的是，当视口（viewport）小于 768px 宽度时，内联表单的元素也会恢复独占一行的样式。

3. 水平表单

水平表单与其他表单相比不仅标记的数量上不同，而且表单的呈现形式也不同。如果要创建一个水平布局的表单，可按下面的几个步骤进行。

（1）向父<form>元素添加对类.form-horizontal 的引用，即 class="form-horizontal"。

（2）把标签和控件放在一个带有对类.form-group 引用的 <div> 中。

（3）向标签添加对类.control-label 的引用。

在水平表单中，可以把标签 label 和表单元素显示在同一行。【例 6-4】是一个水平表单的例子，可注意代码中加粗的部分。其在宽屏中（大于 768px）的显示效果如图 6-4 所示。

【例6-4】

```
<div class="container">
   <form class="form-horizontal" role="form">
   <div class="form-group">
      <label for="username" class="col-sm-2 control-label">用户名</label>
      <div class="col-sm-10">
         <input type="text" class="form-control" id="username" placeholder="请输入用户名">
      </div>
   </div>
   <div class="form-group">
      <label for="password" class="col-sm-2 control-label" >密码</label>
      <div class="col-sm-10">
        <input  type="password" class="form-control" id="password" placeholder="请输入密码">
      </div>
   </div>
   <div class="form-group">
      <div class="col-sm-offset-2 col-sm-10">
         <button type="submit" class="btn btn-default">登录</button>
      </div>
   </div>
</form>
   </div>
```

图6-4　水平表单宽屏显示效果示例

6.1.2 表单输入（input）

Bootstrap 提供了对所有原生的 HTML 5 的 input 类型的支持，包括 text、password、radio、checkbox、image、datetime、datetime-local、date、month、time、week、number、email、url、search、tel 和 color 等。

HTML 以前版本中已有的输入类型及其对应的 HTML 代码如下所示。

- 文本域 <input type="text">。
- 单选按钮 <input type="radio">。
- 复选框 <input type="checkbox">。
- 下拉列表 <select><option>。
- 密码域 <input type="password">。
- 提交按钮 <input type="submit">。
- 可单击按钮 <input type="button">。
- 图像按钮 <input type="image">。
- 隐藏域 <input type="hidden">。
- 重置按钮 <input type="reset">。
- 文件域 <input type="file">。

在 HTML 5 中，增加了以下的表单 input 输入类型，通过使用下列这些新增元素，可以实现更好的输入控制和验证。

（1）email 类型，例如<input type="email" name="user_email" />。email 类型的 input 元素是一种用于输入 E-mail 地址的文本输入框，在提交表单的时候，会自动验证 email 输入框的值。

（2）url 类型，例如<input type="url" name="user_url" />。url 类型的 input 元素提供用于输入 url 地址这类特殊文本的文本框。

（3）number 类型，例如<input type="number" name="number1" min="1" max="20" step="4" />。number 类型的 input 元素提供用于输入数值的文本框。

（4）range 类型，例如<input type="range" name="range1" min="1" max="30" />。range 类型的 input 元素提供用于输入包含一定范围内数字值的文本框，在网页中显示为滚动条。

（5）日期检出类型。包括各种形式的日期，如<input type="date">用于选取日、月、年，<input type="time">用于选取时间。

（6）search 类型。用于输入搜索关键词的文本框。使用示例代码如下：

```
<input type="search" name="search1" />
input[type="search"]{
-webkit-appearance:textfield;
}
```

（7）tel 类型，例如<input type="tel" name="tel" />。tel 类型的 input 元素提供专用于输入电话号码的文本框。

（8）color 类型，例如<input type="color" name="color" />。color 类型的 input 元素提供用于设置颜色的文本框。

6.1.3 表单控件设置

在垂直表单中，Bootstrap 中的 input、select 和 textarea 均为 100% 宽度。对一系列复选框和单选框使用 "class= checkbox-inline" 或 "class=radio-inline"，可控制它们显示在同一行上。【例 6-5】给出了一个示例，图 6-5 是示例的显示效果。

【例 6-5】

```
<div class="container">
    <form role="form">
    <div class="form-group">
    <label class="radio-inline">
     <input type="radio" name="optionsRadiosinline" id="optionsRadios3" value="option1"
checked > 选项 1
     </label>
     <label class="radio-inline">
     <input    type="radio"    name="optionsRadiosinline"    id="optionsRadios4"
value="option2"> 选项 2
     </label>
     <label> <input type="submit"></label>
    </div>
    </form>
    </div>
```

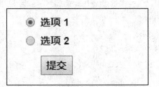

图 6-5 内联单选框示例

如果分别把代码中的 class="radio-inline" 修改为 class="radio"，显示效果如图 6-6 所示。

图 6-6 Bootstrap 默认单选框示例

Bootstrap 表单控件可以在输入框 input 上设置一个块级帮助文本。为了添加一个占用整个宽度的内容块，可在 <input> 后插入一个 class="help-block" 的块级元素。【例 6-6】给出了一个实例。

【例 6-6】

```
<form role="form">
<span>帮助文本实例</span>
<input class="form-control" type="text" placeholder="">
<span class="help-block">这是一个帮助文本</span>
</form>
</div>
```

如果需要在一个表单标签后放置纯文本，可以对<p>使用 class="form-control-static"。【例 6-7】给出了一个代码示例，显示效果如图 6-7 所示。

【例 6-7】

```
<form class="form-horizontal" role="form">
    <div class="form-group">
        <label class="col-sm-2 control-label">Email</label>
        <div class="col-sm-10">
            <p class="form-control-static">email@example.com</p>
        </div>
    </div>
</form>
```

Email   email@example.com

图 6-7   文本显示效果示例

6.1.4   表单验证状态

Bootstrap 包含了错误、警告和成功消息的验证样式。只需要对父元素简单地调用.has-warning、.has-error 或 .has-success 的类，即可使用验证状态，如【例 6-8】所示。比较不同验证状态的效果，如图 6-8 所示。

【例 6-8】

```
<form  role="form">
<div class="form-group has-success">
<label class="control-label" for="inputSuccess">输入成功</label>
    <div>
      <input type="text" class="form-control" id="inputSuccess">
    </div>
  </div>
  <div  class="form-group has-warning">
    <label class="control-label" for="inputWarning">输入警告</label>
    <div>
      <input type="text"  class="form-control" id="inputWarning">
    </div>
  </div>
  <div class="form-group has-error">
    <label class="control-label" for="inputError">输入错误</label>
    <div>
      <input type="text" class="form-control" id="inputError">
    </div>
  </div>
</div>
</form>
```

输入成功

输入警告

输入错误

图 6-8   不同验证状态的显示效果

6.1.5   按钮组

按钮组允许多个按钮被堆叠在同一行上。表 6-1 总结了 Bootstrap 提供的使用按钮组的一些重要的 class。

表 6-1   Bootstrap 按钮组 class

class	描述
.btn-group	该 class 用于形成基本的按钮组。在 .btn-group 中放置一系列带有 class .btn 的按钮

续表

class	描述
.btn-toolbar	该 class 有助于把几组 \<div class="btn-group"\> 结合到一个 \<div class="btn-toolbar"\> 中，一般获得更复杂的组件
.btn-group-lg .btn-group-sm .btn-group-xs	这些 class 可应用到整个按钮组的大小调整
.btn-default .btn-link .btn-primary .btn-success .btn-info .btn-warning .btn-danger	不同的预定义按钮样式，分别是默认样式、保持链接样式、原始按钮样式、成功样式、一般信息样式、警告样式、危险样式
.btn-block	块级按钮（拉伸至父元素 100%的宽度）
.active .disabled	按钮的激活及禁用状态
.btn-group-vertical	该 class 让一组按钮垂直堆叠显示

【例 6-9】给出了一个按钮组的使用示例，其显示效果如图 6-9 所示。

【例 6-9】

```
<form  role="form">
<div class="btn-group">
    <button type="button" class="btn btn-default">按钮 1 默认</button>
    <button type="button" class="btn btn-primary">按钮 2 基本</button>
    <button type="button" class="btn btn-success">按钮 3 成功</button>
    <button type="button" class="btn btn-warning">按钮 4 警告</button>
    <button type="button" class="btn btn-danger">按钮 5 危险</button>
    <button type="button" class="btn btn-info">按钮 6 一般信息</button>
</div>
</form>
```

按钮 1 默认　按钮 2 基本　按钮 3 成功　按钮 4 警告　按钮 5 危险　按钮 6 一般信息

图6-9　不同按钮状态示例

使用类.btn-group-lg、.btn-group-sm、.btn-group-xs 可以调整按钮组的大小。【例 6-10】是一个示例，其显示效果如图 6-10 所示。

【例 6-10】

```
<div class="btn-group btn-group-lg">
    <button type="button" class="btn btn-default">按钮 1</button>
    <button type="button" class="btn btn-default">按钮 2</button>
    <button type="button" class="btn btn-default">按钮 3</button>
</div>
    <div class="btn-group btn-group-sm">
    <button type="button" class="btn btn-default">按钮 4</button>
    <button type="button" class="btn btn-default">按钮 5</button>
```

```
        <button type="button" class="btn btn-default">按钮 6</button>
    </div>
        <div class="btn-group btn-group-xs">
        <button type="button" class="btn btn-default">按钮 7</button>
        <button type="button" class="btn btn-default">按钮 8</button>
        <button type="button" class="btn btn-default">按钮 9</button>
    </div>
```

按钮 1　　按钮 2　　按钮 3　　按钮 4　按钮 5　按钮 6　按钮 7　按钮 8　按钮 9

图6-10　不同大小按钮组显示示例

　　按钮组默认是水平显示的，也可以通过类.btn-group-vertical 使其垂直显示。【例 6-11】是一个垂直显示按钮组的示例，其显示效果如图 6-11 所示。

【例 6-11】

```
<form  role="form">
<div class="btn-group btn-group-lg">
    <button type="button" class="btn btn-default">按钮 1</button>
    <button type="button" class="btn btn-default">按钮 2</button>
    <button type="button" class="btn btn-default">按钮 3</button>
</div>
    <div class="btn-group btn-group-vertical">
    <button type="button" class="btn btn-default">按钮 4</button>
    <button type="button" class="btn btn-default">按钮 5</button>
    <button type="button" class="btn btn-default">按钮 6</button>
</div>
</form>
```

按钮 1　　按钮 2　　按钮 3　　按钮 4 按钮 5 按钮 6

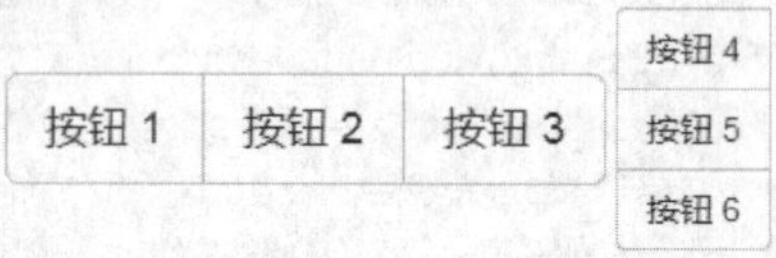

图 6-11　水平按钮组与垂直显示按钮组的显示效果区别示例

　　在 DreamweaverCC 中，可通过选择"插入/Bootstrap 组件/Button Groups"等菜单，如图 6-12 所示，插入各种形式的按钮组。

　　比如若选择"Button Group with Dropdown"，将插入一个带下拉菜单的按钮组，如图 6-13 所示。我们可分析所插入的代码，了解这种下拉菜单的实现。【例 6-12】是插入部分的代码。只需通过对按钮添加对类.dropdown-toggle 的调用并增加 data-toggle 属性的设置，即可实现此类按钮下拉菜单。

【例 6-12】

```
<div class="btn-group" role="group">
    <div class="btn-group" role="group">
    <button  id="btnDropdown1"  type="button"  class="btn btn-default dropdown-toggle"
data-toggle="dropdown" >Dropdown<span class="caret"></span></button>
        <ul class="dropdown-menu" role="menu" >
          <li><a href="#">Dropdown link 1</a></li>
          <li><a href="#">Dropdown link 2</a></li>
        </ul>
    </div>
</div>
```

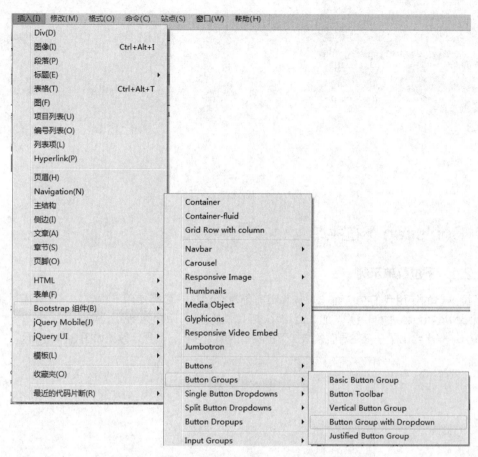

图 6-12　Dreamweaver CC 插入 Bootstrap 组件菜单示例

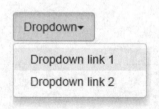

图 6-13　带下拉菜单的按钮组示例

6.1.6　输入框组

使用输入框组，可以向基于文本的输入框添加作为前缀和后缀的文本或按钮。输入框组为表单前后增加"组"，可以使用图标或文字。向 .form-control 元素添加前缀或后缀元素的步骤如下。

（1）把前缀或后缀元素放在一个带有 class="input-group"的 <div> 中。

（2）在相同的<div>内，在 class="input-group-addon"的 <div>或<span> 内放置额外的内容。

（3）把该<div>或<span>放置在 <input> 元素的前面或者后面。

注意为了保持跨浏览器的兼容性，应避免使用 <select> 元素，因为它们在 WebKit 浏览器中不能完全渲染出效果。也不要直接向表单组应用输入框组的 class，因为输入框组是一个孤立的组件。

【例 6-13】给出了一个代码示例，显示效果如图 6-14 所示。

【例6-13】

```
<form>
    <div class="input-group">
        <div class="input-group-addon">$</div>
        <input type="text" class="form-control">
        <div class="input-group-addon">.00</div>
    </div>
</form>
```

图6-14　输入框组效果示例

6.2　Bootstrap 下拉菜单

6.2.1　下拉菜单示例

下拉菜单的使用我们在前面 6.1.5 小节有简单介绍过。如需使用下拉菜单，只需通过添加对类.dropdown-toggle 的调用并增加 data-toggle 属性的设置，即可实现下拉菜单。

【例6-14】给出了一个在导航条增加下拉菜单的简单示例，其显示效果如图6-15 所示。

图6-15　导航下拉菜单效果示例

【例6-14】

```
<nav class="navbar navbar-default" role="navigation">
    <div class="container-fluid">
        <ul class="nav navbar-nav">
            <li class="dropdown">
                <a href="#" class="dropdown-toggle" data-toggle="dropdown">
                    Java
                    <b class="caret"></b>
                </a>
                <ul class="dropdown-menu">
                    <li class="dropdown-header">菜单标题</li>
                    <li><a href="#">jmeter</a></li>
                    <li><a href="#">EJB</a></li>
                    <li class="disabled"><a href="#">Jasper Report（不可用）</a></li>
                    <li class="divider"></li>
                    <li><a href="#">分离的链接</a></li>
```

```
                    <li class="divider"></li>
                    <li><a href="#">另一个分离的链接</a></li>
                </ul>
            </li>
        </ul>
    </div>
</nav>
```

打开的每个下拉菜单其实都是一个列表，这个列表需要被指定为.dropdown-menu 类，而每个菜单项是一个列表项，其中，<li class="divider"></li>可以设置下拉菜单中的分隔线。如果要给下拉菜单增加标题，可使用.dropdown-header。如果要禁用下拉菜单的项，可以使用.disabled。关于下拉菜单的类的具体说明如表 6-2 所示。

表 6-2 下拉菜单类的设置

类	描述
.dropdown	指定下拉菜单，下拉菜单都包裹在 .dropdown 里
.dropdown-menu	创建下拉菜单
.dropdown-menu-right	下拉菜单右对齐
.dropdown-header	在下拉菜单中添加标题
.dropup	指定向上弹出的下拉菜单
.disabled	下拉菜单中的禁用项
.divider	下拉菜单中的分割线
.pull-right	下拉菜单右对齐

下拉菜单的对齐及弹出方向也可以改变。使用类.pull-right 或.dropdown-menu-right 可以使得下拉菜单靠页面右侧对齐，而使用.dropup 则可以使得下拉菜单向上弹出。【例 6-15】给出了不同方式的下拉菜单，其显示效果分别如图 6-16 和图 6-17 所示。

【例 6-15】

```
<nav class="navbar navbar-default" role="navigation">
<div class="container-fluid">
<ul class="nav navbar-right">
            <li class="dropdown">
                <a href="#" class="dropdown-toggle " data-toggle="dropdown" >
                    Java
                    <b class="caret"></b>
                </a>
                <ul class="dropdown-menu dropdown-menu-right">
                    <li class="dropdown-header" >靠右菜单</li>
                    <li><a href="#" >jmeter</a></li>
                    <li><a href="#" >EJB</a></li>
                    <li class="disabled" ><a href="#">Jasper Report（不可用）</a></li>
                </ul>
            </li>
        </ul>
<ul class="nav navbar-fixed-bottom">
            <li class="dropdown">
                <a href="#" class="dropdown-toggle " data-toggle="dropdown" >
                    Java
                    <b class="caret"></b>
```

```
                </a>
                <ul class="dropdown-menu dropup">
                    <li class="dropdown-header" >向上菜单</li>
                    <li><a href="#" >jmeter</a></li>
                    <li><a href="#" >EJB</a></li>
                    <li class="disabled" ><a href="#">Jasper Report（不可用）</a></li>
                </ul>
            </li>
        </ul>
    </div>
</nav>
```

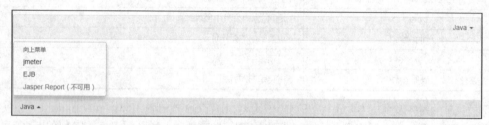

图6-16　靠右菜单在宽屏下的显示效果

图6-17　向上菜单的显示效果

6.2.2　下拉菜单实现方法

我们在前面给出了几个下拉菜单的示例，那如何在网页中使用下拉菜单呢？这里我们总结了一些相关的步骤。

1．按钮下拉菜单

以下代码所示的是一个默认类型的按钮，按下面步骤添加下拉菜单。

```
<div class="btn-group">
    <button type="button" class="btn btn-default" >按钮下拉菜单</button>
</div>
```

（1）添加按钮属性。给按钮添加对类 dropdown-toggle 的调用，并添加属性 data-toggle="dropdown"。为了显示向下箭头，在按钮文本处添加<span class="caret"></span>。

（2）添加下拉菜单所显示的列表<ul>，并对此列表增加对类.dropdown-menu 的调用，如果是靠右对齐或向上弹出的菜单，可调用表 6-2 给出的类。

（3）设置列表项。每个列表项都需设置为超链接形式，并可参考表 6-2，设置分割线、不可用的列表项、列表标题等特殊项目。

【例 6-16】给出了根据上述步骤得到的一个简单按钮下拉菜单。

【例 6-16】

```
<div class="btn-group">
    <button type="button" class="btn btn-default dropdown-toggle" data-toggle="dropdown" >
```

```
按钮下拉菜单<span class="caret"></span></button>
      <ul class="dropdown-menu">
        <li class="dropdown-header">Dropdown header 1</li>
        <li ><a href="#">First Link</a></li>
        <li class="divider"></li>
        <li ><a href="#">Second Link</a></li>
      </ul>
    </div>
```

2. 导航下拉菜单

以下代码所示的是一个导航，每个导航项都是一个超链接，如果要对第 1 个列表项增加下拉菜单，可按以下步骤进行。

```
<nav>
  <ul type="none">
<li><a href="#" >导航下拉菜单</a>
        <li>其他导航项</li>
        </ul>
</nav>
```

（1）对需要增加下拉菜单的导航项，增加对类.dropdown 的调用，并对其对应的超链接增加对类.dropdown-toggle 的调用，以及 data-toggle="dropdown"的设置。为了显示向下箭头，可在文本后添加<span class="caret"></span>。

（2）添加下拉菜单所显示的列表<ul>，并对此列表增加对类.dropdown-menu 的调用，如果是靠右对齐或向上弹出的菜单，可调用表 6-2 给出的类。

（3）设置列表项。每个列表项都需设置为超链接形式，并可参考表 6-2，设置分割线、不可用的列表项、列表标题等特殊项目。

【例 6-17】给出了根据上述步骤得到的一个简单导航下拉菜单示例。

【例 6-17】

```
<nav>
  <ul type="none">
   <li class="dropdown"><a href="#" data-toggle="dropdown" class="dropdown-toggle">导航下
拉菜单<span class="caret"></span></a>
        <ul class="dropdown-menu">
          <li><a href="#">Action</a></li>
          <li><a href="#">Another action</a></li>
        </ul>
      </li>
      <li>其他导航项</li>
      </ul>
</nav>
```

6.3　Bootstrap 导航及分页

在 HTML 5 中，可使用<nav>创建导航栏。在 Bootstrap 中也提供了相应的类.nav，能方便地实现各种导航栏。

6.3.1　Bootstrap 导航基本样式

使用 Bootstrap 创建一个导航菜单主要包括以下步骤。

（1）创建一个无序列表，对该列表添加 class="nav"调用类.nav。

（2）添加具体要实现的导航类型。

表6-3所列的是Bootstrap中可使用的导航样式类型，使用时只需调用对应的类即可。

表6-3　导航样式及对应的类

类	描述
.nav	默认垂直导航菜单
.nav nav-tabs	标签页导航
.nav nav-pills	胶囊式标签页导航
.nav nav-pills nav-stacked	胶囊式标签页以垂直方向堆叠排列
.nav-justified	两端对齐的标签页，在大于 768px 的屏幕上，通过 .nav-justified 类可以很容易地让标签页或胶囊式标签呈现出同等宽度。在小屏幕上，导航链接呈现堆叠样式
.disabled	禁用的标签页
.tab-content	与 .tab-pane 和 data-toggle="tab"（data-toggle="pill"）一同使用，设置标签页对应的内容随标签的切换而更改
.tab-pane	与 .tab-content 和 data-toggle="tab"（data-toggle="pill"）一同使用，设置标签页对应的内容随标签的切换而更改

导航的默认形式是垂直的，且宽度占窗口的 100%。【例 6-18】给出了一个示例。其显示效果如图6-18所示。

【例6-18】

```
<p>导航菜单</p>
<ul class="nav">
    <li><a href="#">菜单项1</a></li>
    <li><a href="#">菜单项2</a></li>
    <li><a href="#">菜单项3</a></li>
    <li><a href="#">菜单项4</a></li>
</ul>
```

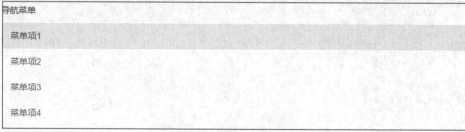

图6-18　默认导航菜单显示效果

如果要禁用导航中的某个项，只需对该列表项<li>调用类 .disabled 即可。

6.3.2　标签页式导航

如表 6-3 所示，标签页式导航只需对列表添加对类.nav nav-tabs 的调用即可。【例6-19】修改了【例6-18】的代码，添加相应的类的引用，即可实现标签页式导航，显示效果如图6-19所示。

【例6-19】

```
<p>导航菜单</p>
<ul class="nav nav-tabs">
```

```
    <li><a href="#">菜单项1</a></li>
    <li><a href="#">菜单项2</a></li>
    <li><a href="#">菜单项3</a></li>
    <li><a href="#">菜单项4</a></li>
</ul>
```

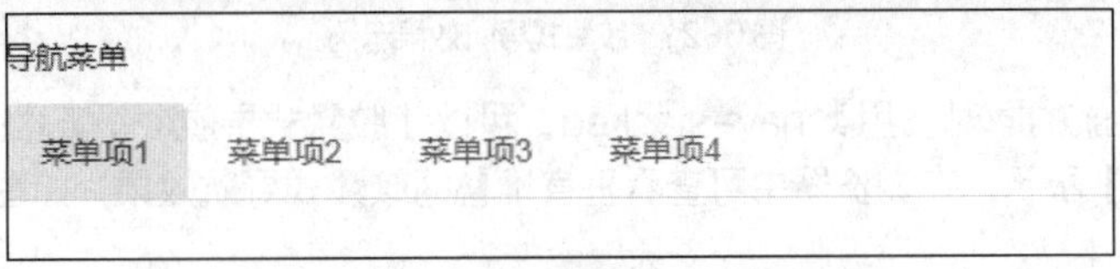

图6-19　标签页式导航效果示例

　　在屏幕宽度大于 768px 时，在分别使用类 .nav、.nav-tabs 或 .nav-pills 的同时使用类.nav-justified，可以让导航菜单与父元素等宽。而在更小的屏幕上。导航链接会堆叠。【例 6-20】给出了一个示例，图 6-20 是对应的宽屏下及小屏幕下的显示效果。

【例6-20】

```
<p>导航菜单</p>
<ul class="nav nav-tabs nav-justified">
    <li><a href="#">菜单项1</a></li>
    <li><a href="#">菜单项2</a></li>
    <li><a href="#">菜单项3</a></li>
    <li><a href="#">菜单项4</a></li>
</ul>
```

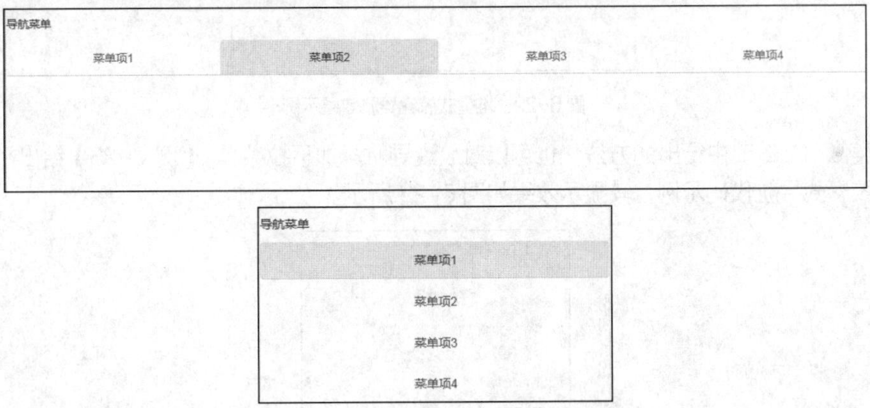

图6-20　不同显示尺寸下的标签式导航显示

6.3.3　胶囊式导航

　　胶囊式导航对应的类是.nav nav-pills，类似地，同时使用类.nav-justified，可以让导航菜单在显示尺寸较大时与父元素等宽。【例 6-21】给出了一个胶囊式导航的代码示例，图 6-21 是对应的显示效果。

【例6-21】

```
<p>导航菜单</p>
<ul class="nav nav-pills nav-justified">
    <li><a href="#">菜单项1</a></li>
    <li><a href="#">菜单项2</a></li>
    <li><a href="#">菜单项3</a></li>
```

```
    <li><a href="#">菜单项 4</a></li>
  </ul>
```

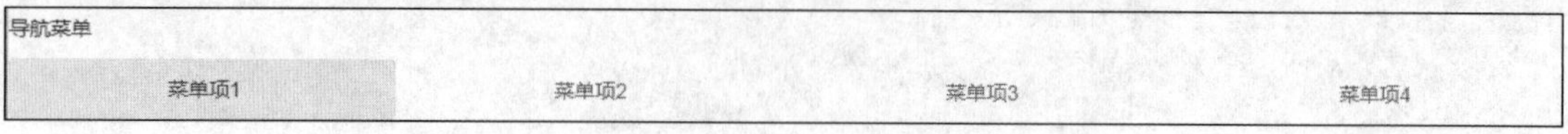

导航菜单			
菜单项1	菜单项2	菜单项3	菜单项4

图 6-21　胶囊式导航效果示例

在使用胶囊式导航的同时使用类.nav-stacked，可以让胶囊式导航项垂直堆叠。修改【例 6-21】的代码如【例 6-22】所示，在浏览器中可查看垂直堆叠的胶囊式导航效果，如图 6-22 所示。

【例 6-22】

```
<p>导航菜单</p>
<ul class="nav nav-pills nav-stacked">
    <li><a href="#">菜单项 1</a></li>
    <li><a href="#">菜单项 2</a></li>
    <li><a href="#">菜单项 3</a></li>
    <li><a href="#">菜单项 4</a></li>
</ul>
```

导航菜单
菜单项1
菜单项2
菜单项3
菜单项4

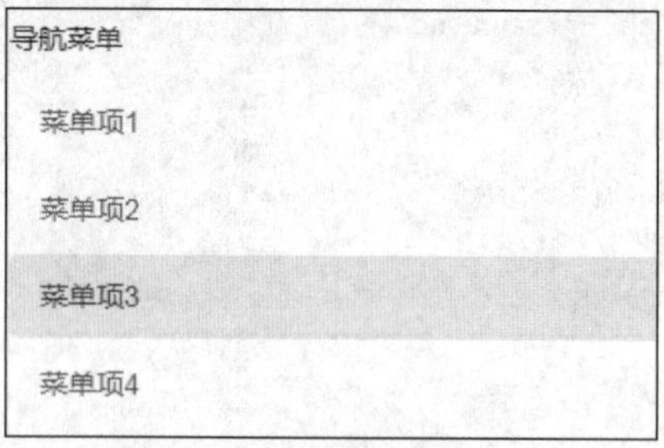

图 6-22　堆叠式胶囊导航效果示例

使用类似 6.2.2 节中给出的方法，也可以对胶囊导航添加下拉菜单。【例 6-23】给出了一个带下拉菜单的胶囊式导航代码示例，其显示效果如图 6-23 所示。

图 6-23　带有下拉菜单的胶囊导航效果

【例 6-23】

```
<p>带有下拉菜单的胶囊</p>
  <ul class="nav nav-pills">
    <li class="dropdown">
        <a class="dropdown-toggle" data-toggle="dropdown" href="#">
      Java <span class="caret"></span>
        </a>
        <ul class="dropdown-menu">
            <li><a href="#">Swing</a></li>
```

```
                <li><a href="#">jMeter</a></li>
                <li><a href="#">EJB</a></li>
            </ul>
        </li>
        <li><a href="#">PHP</a></li>
    </ul>
```

6.3.4 面包屑导航

面包屑导航（Breadcrumbs）是一种基于网站层次信息的显示方式。以博客为例，面包屑导航可以显示发布日期、类别或标签。它们表示当前页面在导航层次结构内的位置。

Bootstrap 中的面包屑导航是一个简单的带有 .breadcrumb class 的列表，项目之间分隔符会被自动添加。【例 6-24】及图 6-24 是面包屑导航的一个代码及显示效果示例。

【例 6-24】

```
<ol class="breadcrumb">面包屑导航
        <li><a href="#">Home</a></li>
        <li><a href="#">2018</a></li>
        <li> <a href="#">9 月</a></li>
</ol>
```

面包屑导航 Home / 2018 / 9月

图 6-24 面包屑导航显示效果示例

6.3.5 导航栏及其组件

导航栏是 Bootstrap 的一个突出有点。导航栏具备响应式的特征，在移动设备的视图中是折叠的，随着可用视口宽度的增加，导航栏也会水平展开。

创建一个默认的导航栏的简单步骤如下。

（1）向 <nav> 标签添加类.navbar、.navbar-default 的调用。

（2）向<nav> 标签添加属性 role="navigation"，增加可访问性。

（3）可向<nav> 标签内的 <div> 元素添加一个类 .navbar-header 的调用作为标题，里面包含带有.navbar-brand 类的 <a> 元素，让文本更大一号。

（4）为了向导航栏添加链接，只需要简单地添加带有调用类.nav 及.navbar-nav 的无序列表即可。

【例 6-25】是最简单的一个导航栏的代码示例。读者可尝试在不同显示尺寸查看这个导航栏的显示效果。我们可以发现，在较小显示尺寸下，导航栏是可以折叠显示的，而在较大显示尺寸下则水平展开，如图 6-25 所示。导航栏的对齐方向可以通过类.navbar-left （向左）或.navbar-right （向右）来设置。

【例 6-25】

```
<nav class="navbar navbar-default" role="navigation">
    <div class="navbar-header">
        <a class="navbar-brand" href="#">导航栏</a>
    </div>
    <div>
        <ul class="nav navbar-nav">
                <li><a href="#">选项 1</a></li>
                <li><a href="#">选项 2</a></li>
                <li><a href="#">选项 3</a></li>
        </ul>
```

```
        </div>
    </nav>
```

导航栏　　选项1　　选项2　　选项3　　　　　　　　　　　导航栏

　　　　　　　　　　　　　　　　　　　　　　　　　　　　选项1

　　　　　　　　　　　　　　　　　　　　　　　　　　　　选项2

　　　　　　　　　　　　　　　　　　　　　　　　　　　　选项3

图6-25　不同显示尺寸下的导航栏效果

在导航栏中也可以使用表单，只需把这个表单定义为.navbar-form 类，这可以确保表单适当地垂直对齐和在较窄的视口中的折叠。导航栏中也可以使用类.navbar-btn 向不在 <form> 中的 <button> 元素添加按钮，类.navbar-btn 可被使用在 <a> 和 <input> 元素上。类似地，可以通过类.navbar-left 或.navbar-right 设置其对齐方向。【例 6-26】是一个带有表单的向右对齐的导航栏示例，其显示效果如图 6-26 所示。

【例6-26】

```
<nav class="navbar navbar-default" role="navigation">
    <div class="navbar-header">
        <a class="navbar-brand" href="#">导航栏</a>
    </div>
    <div>
        <ul class="nav navbar-nav">
            <li><a href="#">选项1</a></li>
             <li>
            <div>
        <form class="navbar-form navbar-left" role="search">
            <div class="form-group">
                <input type="text" class="form-control" placeholder="Search">
            </div>
            <button type="submit" class="btn btn-default">提交按钮</button>
        </form>
        </div>
        </li>
        </ul>
    </div>
</nav>
```

导航栏　　选项1　　Search　　　　　　　提交按钮

图6-26　带表单的导航栏

如果需要在导航中包含文本字符串，可使用 .navbar-text，这个类通常与 <p> 标签一起使用，确保文本适当的前导和颜色。如果要在导航栏导航组件内使用图标，也可以使用 glyphicon 相关的类。

Bootstrap 导航栏可以动态定位。默认情况下，导航栏是块级元素，它是基于在 HTML 中放置的位置定位的。可以把它放置在页面的顶部或者底部，也可以让它成为随着页面一起滚动的静态导航栏。关于导航栏动态定位的类，可参考表 6-4。

表 6-4 导航栏动态定位

类	描述
.navbar-fixed-top	随着页面一起滚动，始终在页面顶部
.navbar-fixed-bottom	随着页面一起滚动，始终在页面底部
.navbar-static-top	在页面静态的顶部

【例 6-27】给出了一个通过.navbar-fixed-top 把导航栏始终固定在页面顶部的例子。可以在页面内插入足够多的内容（如一个大尺寸的图像），可见不管如何滚动浏览器窗口，这个导航栏始终固定在页面顶部。其显示效果如图 6-27 所示。

【例 6-27】

```
<nav class="navbar navbar-default navbar-fixed-top" role="navigation">
    <div class="navbar-header">
        <a class="navbar-brand" href="#">始终固定在顶部的导航栏</a>
    </div>
    <div>
        <ul class="nav navbar-nav">
            <li><a href="#">选项 1</a></li>
            <li><a href="#">选项 2</a></li>
            <li><a href="#">选项 3</a></li>
        </ul>
    </div>
</nav>
<div class="container" >
<img src=" 1.jpg">
</div>
```

图 6-27 始终固定在页面顶部的导航栏效果示例

还可以通过类.navbar-inverse 创建一个带有黑色背景白色文本的反色的导航栏。【例 6-28】把【例 6-27】的导航栏修改为反色显示，可得到类似图 6-28 的反色导航栏效果。

【例 6-28】

```
<nav class="navbar navbar-inverse navbar-fixed-top" role="navigation">
    <div class="navbar-header">
        <a class="navbar-brand" href="#">反色导航栏</a>
    </div>
    <div>
        <ul class="nav navbar-nav">
            <li><a href="#">选项 1</a></li>
            <li><a href="#">选项 2</a></li>
            <li><a href="#">选项 3</a></li>
        </ul>
    </div>
</nav>
```

反色导航栏　　选项1　　选项2　　选项3

图6-28　反色导航栏效果示例

为了实现导航栏的响应式特性，在需要时可以把导航栏中的内容进行折叠。实现导航栏折叠的主要步骤如下。

（1）把导航栏中要折叠的内容用一个<div>元素包裹起来，并对这个<div>元素调用类.collapse和.navbar-collapse。

（2）添加一个按钮，并对这个按钮调用类.navbar-toggle，增加属性 data-toggle 及 data-target。其中，data-toggle 用于告诉 JavaScript 需要对按钮做什么，若是折叠则可定义为 data-toggle="collapse"，而 data-target 则指示要切换到哪一个元素，通常可用元素 id 来设置。

（3）在上述按钮元素<button>中添加 3 个<span class="icon-bar"></span>，用于生成所谓的"汉堡"按钮，单击这个按钮将切换到第（1）步中定义的折叠部分。

【例6-29】给出了一个具有折叠效果的导航栏示例，其中粗体部分是显示尺寸不足时折叠的内容，其 id 为 "example-navbar-collapse"，因此前面的按钮中所设置的 data-target 为 *data*-target="#example-navbar-collapse"。在较小显示尺寸下的显示效果如图 6-29 所示，其中的方框部分就是前面所指的所谓"汉堡"按钮。

【例6-29】

```html
<nav class="navbar navbar-default" role="navigation">
    <div class="container-fluid">
    <div class="navbar-header">
        <button type="button" class="navbar-toggle" data-toggle="collapse"
                data-target="#example-navbar-collapse">
            <span class="icon-bar"></span>
            <span class="icon-bar"></span>
            <span class="icon-bar"></span>
        </button>
 <a class="navbar-brand" href="#">折叠导航栏</a>
    </div>
    <div class="collapse navbar-collapse" id="example-navbar-collapse">
        <ul class="nav navbar-nav">
            <li ><a href="#">导航项1</a></li>
            <li><a href="#">导航项2</a></li>
            <li><a href="#" >导航项3</a></li>
        </ul>
    </div>
    </div>
</nav>
```

图6-29　较小显示尺寸下具有折叠效果的导航栏效果示例

6.3.6　分页设计

分页（Pagination）实际上也是一种无序列表。表6-5所列的是分页显示设置相关的类。

表 6-5　分页显示设置相关的类

class	描述
.pagination	分页链接
.pager	翻页链接，链接居中对齐
.previous	.pager 中上一页的按钮样式，左对齐
.next	.pager 中下一页的按钮样式，右对齐
.pagination-lg	更大尺寸的分页链接显示
.pagination-sm	更小尺寸的分页链接显示
.disabled	禁用当前链接
.active	当前访问页面链接样式

【例 6-30】是一个简单的不同大小的分页显示设置的示例。其显示效果如图 6-30 所示。使用分页首先要调用类.pagination，类.pagination-lg 及.pagination-sm 分别用于设置加大或缩小的链接字体尺寸。

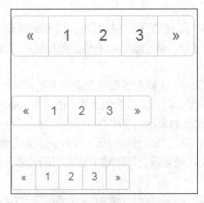

图 6-30　分页显示效果示例

【例 6-30】

```
<ul class="pagination pagination-lg">
<li><a href="#">&laquo;</a></li>
    <li><a href="#">1</a></li>
    <li><a href="#">2</a></li>
    <li><a href="#">3</a></li>
    <li><a href="#">&raquo;</a></li>
</ul><br>
<ul class="pagination">
    <li><a href="#">&laquo;</a></li>
    <li><a href="#">1</a></li>
    <li><a href="#">2</a></li>
    <li><a href="#">3</a></li>
    <li><a href="#">&raquo;</a></li>
</ul><br>
<ul class="pagination pagination-sm">
    <li><a href="#">&laquo;</a></li>
    <li><a href="#">1</a></li>
    <li><a href="#">2</a></li>
```

```
    <li><a href="#">3</a></li>
    <li><a href="#">&raquo;</a></li>
</ul>
```

如果要设置翻页，可使用.pager类。往前一页和往后一页可分别使用.previous 和.next。【例6-31】是一个使用翻页的示例，其中还设置了当前链接及不可用的链接，其显示效果如图6-31所示。

【例6-31】

```
<ul class="pager">
    <li class="previous disabled"><a href="#">&laquo;</a></li>
        <li class="active"><a href="#">1</a></li>
    <li><a href="#">2</a></li>
    <li><a href="#">3</a></li>
    <li class="next"><a href="#">&raquo;</a></li>
</ul>
```

«   1   2   3   »

图6-31 翻页显示设置示例

6.3.7 滚动监听

滚动监听（Scrollspy）插件，即自动更新导航插件，会根据滚动条的位置自动更新对应的导航目标。其基本的实现是随着页面的滚动，基于滚动条的位置向导航栏添加 .active。滚动监听一般结合导航、分页等功能使用。

可以通过 data 属性或 JavaScript 代码对页面添加滚动监听。

如果是通过 data 属性监听滚动，则可对监听的元素（通常是 body）添加属性 data-spy="scroll"，然后添加属性 data-target 指定滚动的目标，滚动的目标应为带有 Bootstrap .nav 组件的父元素的 ID 或 class。为了保证滚动监听的效果，必须确保页面主体中有匹配所要监听链接的 ID 的元素存在。

如果是通过 JavaScript 调用滚动监听，则需选取要监听的元素，然后调用 .scrollspy() 函数，例如以下代码所示：

```
$('body').scrollspy({ target: '.navbar-example' })
```

由于滚动监听常与附加导航结合使用，滚动监听的示例也将在 6.3.8 节一并给出。

6.3.8 附加导航（Affix）

附加导航（Affix）插件允许指定 <div> 固定在页面的某个位置。它们将在某个位置开始，但当在页面中点击某个标记，该 <div> 会锁定在某个位置，不会随着页面其他部分一起滚动。

可以通过 data 属性或者通过 JavaScript 来使用附加导航插件。

如果是通过 data 属性元素添加附加导航行为，只需要向需要监听的元素添加属性设置 data-spy="affix" 即可，并使用偏移来定义何时切换元素的锁定和移动。

如果是通过 JavaScript 手动为某个元素添加附加导航，则应通过脚本代码指定需要监听的元素及元素响应 affix 事件时的操作。例如以下代码就为 id 为 myAffix 的元素定义了如何响应 affix 事件的偏移（offset）：

```
$('#myAffix').affix({
    offset: {
        top: 100, bottom: function () {
            return (this.bottom =
                $('.bs-footer').outerHeight(true))
            }
```

```
        }
    })
```

【例 6-32】是一个滚动监听及附加导航的示例。首先对要滚动监听的元素<body>使用 data-spy="scroll"添加滚动监听，用来根据滚动条的位置自动更新对应的导航目标，并指定滚动的目标是页面导航元素（.nav）所在的 div 容器#myScrollspy。接着对导航元素列表使用 data-spy="affix"添加附加导航。data-offset 用于在计算滚动位置时，计算距离顶部的偏移像素。

【例 6-32】

```
<body data-spy="scroll" data-target="#myScrollspy">
    <div class="row">
        <div class="col-xs-3" id="myScrollspy">
            <ul class="nav nav-tabs nav-stacked" data-spy="affix" data-offset-top="200">
                <li><a href="#ougd">广东开放大学</a></li>
                <li><a href="#gdpi">广东理工职业学院</a></li>
            </ul>
        </div>
        <div class="col-xs-9">
            <h2 id="ougd">广东开放大学</h2>
    <p>广东开放大学是广东省人民政府举办、省教育厅直属，以现代信息技术为支撑，面向社会全体成员开展远程开放教育并具有学士学位授予权的新型高等学校。学校服务于广东学习型社会建设，坚持面向基层、面向行业、面向社区、面向农村，为学习者提供多样化、多层次的学历教育和非学历教育。</p>
    ……
            <hr>
            <h2 id="gdpi">广东理工职业学院</h2>
    <p>广东理工职业学院成立于 2005 年，是一所以工科为主的高等职业院校，与广东开放大学实行"一套班子，两块牌子"的管理体制，资源共享，优势互补。学校属第三批 A 线录取院校，招生对象为参加普通高考学生，面向全省和其他部分省份招生。学校设有中山和南海两个校区。主校区位于中山市五桂山职业教育园区，占地 1001.4 亩。
    </p>
    ……
            <hr>
        </div>
    </div>
</body>
```

滚动监听及附加导航的实现效果如图 6-32 所示。当单击左侧的菜单项，网页将定位到对应的文字介绍处，而菜单所在的<div>会一直锁定在浏览器窗口的左上角，不会随着页面其他部分一起滚动，如图 6-32 所示。

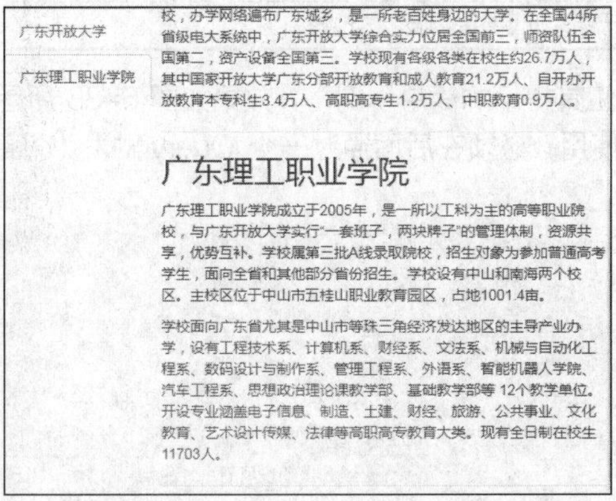

图 6-32　滚动监听及附加导航效果示例

6.4 Bootstrap 消息提示

6.4.1 工具提示（tooltip）

工具提示（tooltip）可用于提示链接信息。在 Bootstrap 中，工具提示改用 CSS 实现动画效果，用 data 属性存储标题信息。工具提示根据需求生成内容和标记，默认情况下将置于触发元素后面。可以使用以下两种方式添加工具提示。

（1）通过 data 属性。如需添加一个工具提示，只需向一个锚标签添加 data-toggle="tooltip" 即可。锚的 title 即为工具提示的文本。默认情况下，插件把工具提示设置在顶部。例如：

```
<a href="#" data-toggle="tooltip" title="Example tooltip">请悬停在我的上面</a>
```

（2）通过 JavaScript 触发工具提示。例如使用以下语句触发指定 ID 元素的工具提示：

```
$('#identifier').tooltip(options)
```

需要注意，工具提示插件不像之前所讨论的下拉菜单及其他插件那样，它不是纯 CSS 插件。如需使用该插件，必须使用 jQuery 激活它。可使用下面的脚本来启用页面中的所有的工具提示：

```
$(function () { $("[data-toggle='tooltip']").tooltip(); });
```

工具提示中的一些设置可通过 Bootstrap Data API 添加或通过 JavaScript 调用。表 6-6 列出了这些选项设置。

表6-6 工具提示选项

data 属性名称	描述
data-animation	工具提示使用 CSS 渐变滤镜效果
data-html	向工具提示插入 HTML。为 true 表示允许在工具提示中插入 HTML 代码；如果为 false，jQuery 的 text 方法将被用于向 DOM 插入内容
data-placement	规定如何定位工具提示，其值可以是 top|bottom|left|right|auto
data-selector	如果提供了一个选择器，工具提示对象将被委派到指定的目标
data-title	提示信息内容。如果未指定 title 属性，则 title 选项是默认的 title 值
data-trigger	定义如何触发工具提示，其值可以是 click| hover | focus | manual。可以传递多个触发器，每个触发器之间用空格分隔
data-delay	延迟显示和隐藏工具提示的毫秒数，这个属性对 manual 手动触发类型不适用。如果提供的是一个数字，那么延迟将会应用于显示和隐藏。如果提供的是对象，要设置其显示和隐藏的时间，其结构如下所示： delay:{ show: 500, hide: 100 }
data-container	向指定元素追加工具提示显示的位置

【例 6-33】是一个使用工具提示的简单示例，其效果如图 6-33 所示。需要注意的是，定义了工具提示后，如果要在页面中使用，必须在后面通过一个 jQuery 触发（见最后的<script>）。

【例 6-33】

```
<button type="button" class="btn btn-default" data-toggle="tooltip"
        title="默认的 Tooltip">
    默认的 Tooltip
</button>
<button type="button" class="btn btn-default" data-toggle="tooltip"
        data-placement="left" title="左侧的 Tooltip">左侧的 Tooltip</button>
<button type="button" class="btn btn-default" data-toggle="tooltip"
        data-placement="top" title="顶部的 Tooltip">顶部的 Tooltip</button>
```

```
<button type="button" class="btn btn-default" data-toggle="tooltip"
       data-placement="bottom" title="底部的 Tooltip">底部的 Tooltip</button>
<button type="button" class="btn btn-default" data-toggle="tooltip"
       data-placement="right" title="右侧的 Tooltip"> 右侧的 Tooltip</button>
<script>
     $(function () { $("[data-toggle='tooltip']").tooltip(); });
</script>
```

默认的 Tooltip　　左侧的 Tooltip　　顶部的 Tooltip　　底部的 Tooltip　　右侧的 Tooltip

底部的 Tooltip

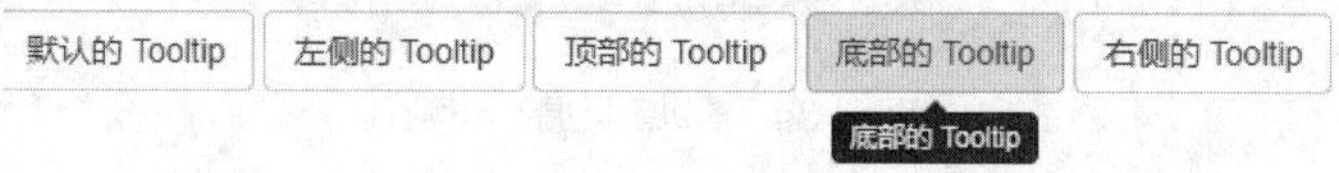

图6-33　工具提示效果示例

表 6-7 是工具提示的一些方法，我们可使用这些方法进行工具提示的显示、隐藏等操作。

表6-7　工具提示可调用方法

方法	描述	实例
.tooltip(options)	向元素集合附加工具提示句柄	$().tooltip(options)
.tooltip('toggle')	切换显示隐藏元素的工具提示	$('#element').tooltip('toggle')
.tooltip('show')	显示元素的工具提示	$('#element').tooltip('show')
.tooltip('hide')	隐藏元素的工具提示	$('#element').tooltip('hide')
.tooltip('destroy')	隐藏并销毁元素的工具提示	$('#element').tooltip('destroy')

表 6-8 列出了工具提示中可用到的事件，这些事件可在函数中当钩子使用。

表6-8　工具提示事件

事件	描述	实例
show.bs.tooltip	当调用 show 实例方法时立即触发该事件	$('#myTooltip').on('show.bs.tooltip', function () {…})
shown.bs.tooltip	当工具提示对用户可见时触发该事件（将等待 CSS 过渡效果完成）	$('#myTooltip').on('shown.bs.tooltip', function () {…})
hide.bs.tooltip	当调用 hide 实例方法时立即触发该事件	$('#myTooltip').on('hide.bs.tooltip', function () {…})
hidden.bs.tooltip	当工具提示对用户隐藏时触发该事件（将等待 CSS 过渡效果完成）	$('#myTooltip').on('hidden.bs.tooltip', function () {…})

【例 6-34】是操纵工具提示的一个示例，本例中，通过 shown.bs.tooltip 方法在提示可见时触发对话框的显示，效果如图 6-34 所示。

【例 6-34】

```
<h1>工具提示</h1>
<button type="button" class="btn btn-default" data-toggle="tooltip" data-placement=
"bottom" id="btn1"title="底部的 Tooltip">底部的 Tooltip</button>
<script>
 $(function () { $("[data-toggle='tooltip']").tooltip(); });
 $(function () { $('#btn1').on('show.bs.tooltip', function () {
       alert("提示显示此信息");
    })
});
</script>
```

提示工具

底部的 Tooltip

图 6-34　操纵工具提示示例

6.4.2　警告框组件（alert）

警告框（alert）消息大多是用来向终端用户显示诸如警告或确认消息的信息。也可以通过 dismiss 取消显示。有以下方法可以取消警示框组件。

（1）通过 data 属性可取消警告框显示。只需要向关闭按钮添加属性 data-dismiss="alert"，就会为警告框添加关闭功能。例如以下代码：

```
<div class="alert">
<a class="close" data-dismiss="alert" href="#" aria-hidden="true">&times;</a>
<p>可点击&times;关闭警告框</p></div>
```

（2）可通过 JavaScript 取消警告框显示，例如以下语句可以让页面内指定的警告框带有关闭功能：

```
$("#identifier").alert();
```

在 Bootstrap 3 中，可以通过 4 种不同外观的警告框类，而在新版的 Bootstrap 4 中将增加至 8 种。表 6-9 给出了所有版本的 Bootstrap 中都支持的显示框类及其说明。

表 6-9　警示框组件类

类	说明
.alert	普通警示框
.alert-success	成功警示框
.alert-danger	危险提示警示框
.alert-warning	警告提示警示框
.alert-info	信息提示警示框

【例 6-35】是不同警告框的示例。这些警告框都带有关闭功能。其显示效果如图 6-35 所示。

图 6-35　不同外观的警示框显示效果示例

【例 6-35】

```
<div class="alert alert-success" role="alert">
  <a href="#" class="close" data-dismiss="alert">
        &times;
```

```
        </a>普通警示框
</div>
<div class="alert alert-danger" role="alert">
    <a href="#" class="close" data-dismiss="alert">
            &times;
    </a>危险!
</div>
<div class="alert alert-warning" role="alert">
  <a href="#" class="close" data-dismiss="alert">
        &times;
    </a>警告!
</div>
<div class="alert alert-info" role="alert">
    <a href="#" class="close" data-dismiss="alert">
            &times;
        </a>提示
</div>
```

6.4.3　弹出框（popover）

弹出框（popover）与工具提示（tooltip）类似，提供了一个扩展的视图，如需激活弹出框，用户只需把鼠标指针悬停在元素上即可。

弹出框插件根据需求生成内容和标记，默认情况下是把弹出框放在它们的触发元素后面。可以用以下两种方式添加弹出框。

（1）通过 data 属性。如需添加一个弹出框，只需向一个锚/按钮标签添加属性 data-toggle="popover" 即可。锚的 title 即为弹出框的文本。默认情况下，插件把弹出框设置在顶部。例如以下就是一个简单的弹出框的例子：

```
<a href="#" data-toggle="popover" title="Example popover">请悬停在我的上面</a>
```

（2）还可通过 JavaScript 启用弹出框。例如使用以下语句启用弹出框：

```
$('#identifier').popover(options);
```

弹出框不是纯 CSS 插件，使用时必须通过 jQuery 激活它。可通过类似下面的脚本语句来启用页面中的所有的弹出框：

```
$(function () { $("[data-toggle='popover']").popover(); });
```

由于弹出框插件依赖于工具提示插件，与工具提示类似地，弹出框也可通过 data-placement 属性设置弹出框的位置。而表 6-5 中关于工具提示的插件也适用于弹出框插件。

【例 6-36】是一个弹出框的示例，其对象的 data-placement 属性设置了显示位置，title 属性和 data-content 属性分别是弹出框的标题和内容。在浏览器中打开，单击每个按钮，其显示效果如图 6-36 所示。

【例 6-36】

```
<div class="container" style="padding: 100px 50px 10px;" >
        <button type="button" class="btn popover-show" title="左侧"
            data-container="body" data-toggle="popover" data-placement="left"
            data-content="左侧的 Popover">左侧的 Popover</button>
    <button type="button" class="btn popover-hide"
            title="底部" data-container="body"
            data-toggle="popover" data-placement="bottom"
            data-content="底部的 Popover">底部的 Popover </button>
    <button type="button" class="btn popover-show"
            title="右侧" data-container="body"
```

```
                    data-toggle="popover" data-placement="right"
                    data-content="右侧的 Popoverr">右侧的 Popover</button>
        </div>
<script>
$(function (){
        $("[data-toggle='popover']").popover();
});
</script>
```

图6-36　弹出框组件 popover 显示效果示例

表6-10是弹出框的一些方法。可使用这些方法进行弹出框的显示、隐藏等操作。

表6-10　弹出框可调用方法

方法	描述	实例
.popover(options)	向元素集合附加弹出框句柄	$().popover(options)
.popover('toggle')	切换显示/隐藏元素的弹出框	$('#element').popover('toggle')
.popover('show')	显示元素的弹出框	$('#element').popover('show')
.popover('hide')	隐藏元素的弹出框	$('#element').popover('hide')
.popover('destroy')	隐藏并销毁元素的弹出框	$('#element').popover('destroy')

如果把【例6-36】的脚本部分修改如下：

```
<script>
$(function(){$(".popover-show").popover();});
$(function(){$('.popover-hide').popover('hide');});
</script>
```

可以看到，单击中间的按钮时，弹出框没有显示。

6.5　Bootstrap 内置组件

Bootstrap 自带 12 种 jQuery 插件，包括有过渡、轮播图、模态窗口等。这些插件扩展了网页的功能，可以给站点添加更多的互动。即使不是一名高级的 JavaScript 开发人员，也可以学习和使用 Bootstrap 的 JavaScript 插件。利用 Bootstrap 数据 API（Bootstrap Data API），大部分的插件可以在不编写任何代码的情况被触发。

网页站点引用 Bootstrap 内置组件的方式有以下两种。

（1）单独引用：使用 Bootstrap 的个别的 *.js 文件。一些插件和 CSS 组件依赖于其他插件。如果单独引用插件，请先确保弄清这些插件之间的依赖关系。该方法就是我们在前面引用 jQuery 插件的方法。

（2）编译（同时）引用：使用 bootstrap.js 或压缩版的 bootstrap.min.js，但要注意，不要同时引用这两个文件。引用后，就可以通过 data 属性 API 使用所有的 Bootstrap 插件，无须写一行 JavaScript 代码。

6.5.1 轮播图

所谓的轮播图，就是将若干图像、视频等网页元素按顺序依次播放。【例 6-37】给出了一个示例。示例中的图像地址可替换为需要显示的图像。

【例 6-37】

```
<div class="container"><div id="myCarousel" class="carousel slide">
    <ol class="carousel-indicators">
        <li data-target="#myCarousel" data-slide-to="0"class="active"></li>
        <li data-target="#myCarousel" data-slide-to="1"></li>
        <li data-target="#myCarousel" data-slide-to="2"></li>
    </ol>
    <div class="carousel-inner">
        <div class="item active">
            <img src="img/slide1.png" alt="第1张">
        </div>
        <div class="item">
            <img src="img/slide2.png" alt="第2张">
        </div>
        <div class="item">
            <img src="img/slide3.png" alt="第3张">
        </div>
    </div>
    <a href="#myCarousel" data-slide="prev" class="carousel-controlleft">&lsaquo;</a>
    <a href="#myCarousel" data-slide="next" class="carousel-controlright">&rsaquo;</a>
</div></div>
```

【例 6-37】中关于 data- 属性的解释如下。

（1）data-slide 接受的值为 prev 或 next，用来改变幻灯片相对于当前对象的位置。

（2）data-slide-to 来向轮播底部创建一个原始滑动索引，比如 data-slide-to="2"将把滑动块移动到一个特定的索引 2，索引从 0 开始计数。

（3）data-ride="carousel"属性标记轮播在页面加载时开始动画播放。

轮播图插件有 3 个自定义属性，如表 6-11 所示。

表 6-11 轮播图属性

属性名称	描述
data-interval	默认值 5000，幻灯片的等待时间（毫秒）。如果为 false，轮播将不会自动开始循环
data-pause	默认鼠标指针停留在幻灯片区域（hover）即暂停轮播，鼠标指针离开即启动轮播
data-wrap	轮播是否持续循环，默认值 true

如果在 JavaScript 调用可直接使用键值对方法，并去掉 data，如以下代码所示：

```
$('#myCarousel').carousel({        //设置自定义属性
    interval : 2000,               //设置自动播放2秒
    pause : 'hover',               //设置暂停按钮的事件
    wrap : false,                  //只播一次
});
```

轮播图插件还提供了一些方法，如表 6-12 和表 6-13 所示。

表6-12　轮播图插件播放方法

方法名称	描述
cycle	循环各帧（默认从左到右）
pause	停止轮播
number	轮播到指定的图片上（小标从 0 开始，类似数组）
prev	循环轮播到上一个项目
next	循环轮播到下一个项目

表6-13　轮播图插件滑动方法

方法名称	描述
slide.bs.carousel	当调用 slide 实例方式时立即触发该事件
slid.bs.carousel	当轮播完成一个幻灯片触发该事件

　　如果设置单击按钮执行，则可通过 JavaScript 代码控制轮播执行，比如可对【例 6-37】添加以下代码：

```
$('button').on('click', function () {      //点击后，自动播放
    $('#myCarousel').carousel('cycle');
}
```

　　如果要设置当调用实例后触发，可使用以下代码：

```
$('#myCarousel').on('slide.bs.carousel', function () {
    alert('当调用 slide 实例方式时立即触发');
});
$('#myCarousel').on('slid.bs.carousel', function () {
    alert('当轮播完成一个幻灯片触发');
});
```

　　也可以直接在 Adobe Dreamweaver CC 中插入轮播图，如图 6-37 所示。可把代码中的图像地址替换为要显示的图像，还可以按已有代码的格式增加要显示的图像。如果需要增加对轮播图的控制，可添加对应的脚本代码。

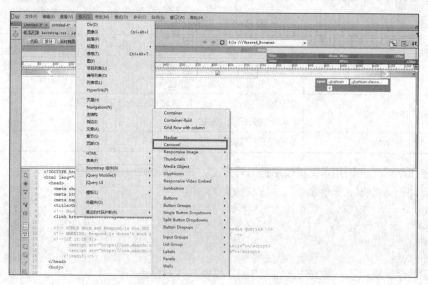

图6-37　在 Adobe Dreamweaver 中插入轮播图

6.5.2　缩略图

通过 Bootstrap 中的类.thumbnail，可在网页中简便地生成缩略图。使用 Bootstrap 创建缩略图，可先在图像周围添加调用了.thumbnail 类 的 <a> 标签，就可以对图像添加 4 个像素的内边距（padding）和一个灰色的边框，当鼠标指针悬停在图像上时，会动画显示出图像的轮廓。

【例 6–38】是一个最简单的缩略图的例子，其显示效果如图 6–38 所示。

【例 6-38】

```
<div class="row">
    <div class="col-sm-6 col-md-3">
        <a href="#" class="thumbnail">
            <img src="img/1_320.jpg">
        </a>
    </div>
    <div class="col-sm-6 col-md-3">
        <a href="#" class="thumbnail">
            <img src="img/1_320.jpg">
        </a>
    </div>
    <div class="col-sm-6 col-md-3">
        <a href="#" class="thumbnail">
            <img src="img/1_320.jpg">
        </a>
    </div>
    <div class="col-sm-6 col-md-3">
        <a href="#" class="thumbnail">
            <img  src="img/1_320.jpg">
        </a>
    </div>
</div></div>
```

图 6-38　缩略图显示效果

如果要使得缩略图显示更多的内容，可以把调用.thumbnail 类的标签由<a>改为<div>，就可以在<div>中添加按钮、布局元素等，使得缩略图的显示效果更灵活多样。

6.5.3　巨幕效果

巨幕，意为超大屏幕（Jumbotron），顾名思义该组件可以增加标题的大小，并为登录页面内容添加更多的外边距（margin），巨幕组件主要是展示网站的关键性区域。使用超大屏幕（Jumbotron）的步骤如下。

（1）创建一个带有 class.jumbotron 的容器 <div>；

（2）除了更大的 <h1>，其他字体粗细 font–weight 被减为 200px。

巨幕显示主要有以下两种样式。

一种是占用全部宽度且不带圆角的超大屏幕，在 .container 类外使用 .jumbotron 类，如【例 6–39】代码所示。

【例 6-39】

```
<div class="jumbotron">
    <div class="container">
        <h1>hello world</h1>
        <p>1234567890</p>
        <p><a class="btn btn-info btn-lg" href="#">hello world</a></p>
    </div>
</div>
```

效果如图 6-39 所示。

hello world

1234567890

hello world

图 6-39　巨幕效果图 1

另一种是在固定的范围内带有圆角的显示，在.jumbotron 类外使用.container 类，代码如【例 6-40】所示，其显示效果如图 6-40 所示。

【例 6-40】

```
<div class="container">
    <div class="jumbotron">
        <h1>hello world</h1>
        <p>1234567890</p>
        <p><a class="btn btn-info btn-lg" href="#">hello world</a></p>
    </div>
</div>
```

图 6-40　巨幕效果图 2

6.5.4　进度条

Bootstrap 进度条使用 CSS 3 过渡和动画来获得。需要注意的是，在 Bootstrap 中使用进度条要考虑浏览器的兼容性，Internet Explorer 9 及之前的版本和旧版的 Firefox 都不支持进度条的显示，而 Opera 12 不支持进度条的动画。

要创建一个基本的进度条的步骤如下。

（1）添加一个<div>，对这个<div>添加类.progress 的调用。

（2）在上面的 <div> 内，添加一个调用类.progress-bar 的空的 <div>。

（3）对 class="progress-bar" 的 div 添加一个带有百分比表示的宽度的 style 属性，例如

style="width: 60%"表示进度条在 60%的位置。

【例 6-41】是一个简单的进度条示例，style="width: 40%;"表示该进度条在 40%的位置。其显示效果如图 6-41 所示。

【例 6-41】

```
<div class="progress">
    <div class="progress-bar" role="progressbar" aria-valuenow="60"
        aria-valuemin="0" aria-valuemax="100" style="width: 40%;">
    </div>
</div>
```

图 6-41 进度条显示示例

除了基本的进度条，还有其他不同的进度条样式，具体说明如表 6-14 所示。

表 6-14 不同形式的进度条对应的类

类名	描述
.progress-bar	基本进度条。用于显示进度条的\<div\>
.progress-bar progress-bar-success	成功信息进度条
.progress-bar progress-bar-info	提示信息进度条
.progress-bar progress-bar-warning	警告信息进度条
.progress-bar progress-bar-danger	危险信息进度条
.progress	用于定义外层的\<div\>，这个\<div\>包裹显示进度条元素的\<div\>
.progress progress-striped	显示带条纹的进度条，用于定义外层的\<div\>
.progress progress-striped active	显示动态的带条纹的进度条，用于定义外层的\<div\>

【例 6-42】是一个动态的条纹进度条的示例，其显示效果如图 6-42 所示。请注意相关类调用的位置和方式。

【例 6-42】

```
<div class="progress progress-striped active">
    <div class="progress-bar progress-bar-success" role="progressbar" style="width:
40%;"></div>
    </div>
```

图 6-42 动态进度条显示效果示例

如果把多个进度条的\<div\>放在相同的一个.progress 中，可以实现进度条的堆叠效果，有兴趣的读者可以尝试一下。但要注意堆叠的进度条宽度加起来不要超过 100%，否则将无法完整显示所有进度条。

6.5.5 模态框（modal）

模态框（modal）是覆盖在父窗体上的子窗体，一般用于显示来自一个单独的源的内容，可以在不离开父窗体的情况下有一些互动，例如提供信息、交互等。

创建一个模态框需要先把外层的<div>调用.moda，如果要把模态框显示为对话框的形式，还要在其内部创建一个调用类.modal-dialog 的<div>。除了显示为对话框形式的类.modal-dialog，还可以设置为加大显示尺寸.modal-lg 及加小显示尺寸.modal-sm。模态框内容要在里面创建一个<div>定义为类.modal-content 来包裹。而模态框里面还可包括头部.modal-header（可选）、主体内容.modal-body、脚注.modal-footer（可选）等部分，每部分可以包含标题.modal-title 和正文。

模态框一般要通过一些事件来触发，例如按键点击、链接点击等。触发模态框可以在控制器元素（比如按钮或者链接）上设置属性 data-toggle="modal"，同时设置 data-target="#identifier" 或 href="#identifier" 来指定要切换的特定的模态框（做个模态框带有 属性 id="identifier"）。还可以通过 JavaScript 来触发模态框，例如把以下 JavaScript 语句添加到要绑定的触发事件，当事件发生将触发指定属性 id="identifier"的模态框：

```
$('#identifier').modal(options)
```

【例 6-43】是一个使用模态框的示例，其显示效果如图 6-43 所示。

图 6-43　模态框显示效果

【例 6-43】

```
<!-- 按钮触发模态框 -->
<button class="btn btn-primary btn-lg" data-toggle="modal" data-target="#myModal">
演示模态框</button>
<!-- 模态框部分 -->
<div class="modal fade" id="myModal" tabindex="-1" role="dialog" aria-labelledby=
"myModalLabel" aria-hidden="true">
    <div class="modal-dialog">
        <div class="modal-content">
            <div class="modal-header">
                <button type="button" class="close" data-dismiss="modal" aria-hidden=
"true">
                    &times;
                </button>
                <h4 class="modal-title" id="myModalLabel">
                    模态框标题
                </h4>
            </div>
            <div class="modal-body">
                正文
            </div>
            <div class="modal-footer">
                <button type="button" class="btn btn-default" data-dismiss="modal">关闭
                </button>

            </div>
        </div><!-- /.modal-content -->
```

```
        </div><!-- /.modal -->
    </div>
```

【例 6-43】中，通过按钮触发模态框，<button> 标签中的属性 data-target="#myModal" 指定了要在页面上加载的模态框的目标。可以在页面上创建多个模态框，然后为每个模态框创建不同的触发器，但多个模态框不能在同一时间加载。最外层的<div class="modal fade"…>定义了模态框容器，并设置了模态框被切换时的淡入淡出效果，后面的属性 aria-hidden="true" 用于保持模态窗口不可见，直到触发器被触发。这个模态框是对话框形式的，并包括标题、正文、脚注等组成部分，其中模态框的标题和脚注都包含了关闭按钮，关闭按钮包含的属性 data-dismiss="modal"用于定义单击按钮时关闭模态框窗口。

表 6-15 列出了一些可以用来定制模态框外观的选项。

图 6-15　模态框属性设置

属性名称	类型/默认值	描述
data-backdrop	boolean 或 string 'static' 默认值: true	指定一个静态的背景，当用户点击模态框外部时不会关闭模态框
data-keyboard	boolean 默认值: true	当按下【Esc】键时关闭模态框，设置为 false 时则按键无效
data-show	Boolean 默认值: true	当初始化时显示模态框
data-remote	path 默认值: false	使用 jQuery .load 方法，为模态框的主体注入内容。如果添加了一个带有有效 URL 的 href，则会加载其中的内容

在脚本中还可以通过使用如表 6-16 所示的方法操纵模态框。

表 6-16　模态框相关方法

方法	描述	实例
modal(options)	把内容作为模态框激活。接受一个可选的选项对象	$('#identifier').modal({ keyboard: false })
modal('toggle')	手动切换模态框	$('#identifier').modal('toggle')
modal('show')	手动打开模态框	$('#identifier').modal('show')
modal('hide')	手动隐藏模态框	$('#identifier').modal('hide')

6.5.6　well 和面板（panel）

所谓 well 实际上是一种应用于<div>元素的样式，这样的样式有内容凹陷显示或插图效果。要使用 well，只需对<div>调用.well 类，并把内容放在<div>中即可。well 容器也可以结合类.well-lg 或 .well-sm 来改变其尺寸大小。【例 6-44】是一个使用 well 的一个简单示例，其效果如图 6-44 所示。

图 6-44　well 使用示例

【例6-44】

```
<div class="well">一般的 well</div>
<div class="well well-lg">大的 well </div>
<div class="well well-sm">小的 well </div>
```

面板(panel)组件用于把 DOM 组件插入到一个盒子中。创建一个基本的面板，只需向 <div> 元素添加类 .panel 和 .panel-default 即可。如果要想设置面板标题，可使用一个定义了类.panel-heading 的<div>向面板添加标题容器，并使用类.panel-title 定义<h1>～<h6>来添加预定义样式的标题。面板的主体和脚注可分别用类.panel-body 和.panel-footer 定义的<div>来放置。

面板还可以使用语境状态类 .panel-primary、.panel-success、.panel-info、.panel-warning、.panel-danger，来设置带语境色彩的外观。

面板定义相关的类如表6-17所示。

表6-17 面板定义的类

类名	描述
.panel-default	默认面板外观
.panel-primary	基础面板外观
.panel-success	成功提示面板外观
.panel-info	信息提示面板外观
.panel-warning	警告提示面板外观
.panel-danger	危险提示面板外观
.panel-heading	面板头部。定义在面板组件内部
.panel-title	面板标题。定义在面板头部或面板主体内部
.panel-body	面板主体。定义在面板组件内部
.panel-footer	面板脚注。定义在面板组件内部

【例 6-45 】是一个面板使用的示例。面板包含了定义 class="list-group" 的列表，列表项定义为 class="list-group-item"，其显示效果如图6-45 所示。

【例6-45】

```
<div class="panel panel-default">
    <div class="panel-heading">
        <h3 class="panel-title">默认面板标题</h3>
    </div>
    <div class="panel-body">默认面板内容</div>
<ul class="list-group">
        <li class="list-group-item">列表项1</li>
        <li class="list-group-item">列表项2</li>
        <li class="list-group-item">列表项3</li>
    </ul>
    <div class="panel-footer">默认面板 footer</div>
</div>
<div class="panel panel-danger">
    <div class="panel-heading">
        <h3 class="panel-title">panel-danger 面板标题</h3>
    </div>
    <div class="panel-body">panel-danger 面板</div>
</div>
```

默认面板标题
默认面板内容
列表项1
列表项2
列表项3
默认面板footer
panel-danger面板标题
panel-danger面板

图6-45　面板显示效果示例

在新发布的 Bootstrap 4 中，用卡片类.card 代替了类.well、.panel 和缩略图.thumbnail。类.card 的使用与这 3 个类比较相似。表 6-18 所示的是卡片组件相关的类，有兴趣的读者可参考 Bootstrap 4 相关的说明。

表6-18　卡片定义相关的类

类名	描述
.card	卡片组件定义
.card-body	卡片组件主体部分
.card-header	卡片组件头部
.card-footer	卡片组件脚注
.card-title	卡片组件标题，多用于组件头部
.card-text	卡片正文内容
.card-link	卡片中的链接样式
.card-img-top	用于设置卡片中图像样式，把图像置于文字上
.card-img-bottom	用于设置卡片中图像样式，把图像置于文字下
.card-img-overlay	用于设置卡片中图像样式，把图像设置为背景

6.5.7　折叠组件

折叠（collapse）组件可以让导航或内容面板等页面区域折叠起来。要使用折叠组件，可先把 data-toggle="collapse" 添加到要触发折叠的组件链接上，并添加属性 href 或 data-target，其值为被折叠子组件的 id，链接的 data-parent 属性的值是面板组，即其所在元素的父元素的 id。

【例 6-46】是使用折叠组件的一个简单例子，其折叠及展开的显示效果如图 6-46 所示。【例 6-46】中定义了触发折叠或展开的按钮，对按钮添加属性 data-toggle="collapse"，data-parent 属性通过 ID 指定了隐藏/显示的元素。

【例6-46】

```
<button type="button" data-toggle="collapse" data-target="#demo">
    单击按钮折叠或展开
</button>
```

```
<div id="demo" class="collapse">
    <p>折叠部分</p>
    <p>折叠部分</p>
    <p>折叠部分</p>
</div>
```

单击按钮折叠或展开		单击按钮折叠或展开
		折叠部分
		折叠部分
		折叠部分

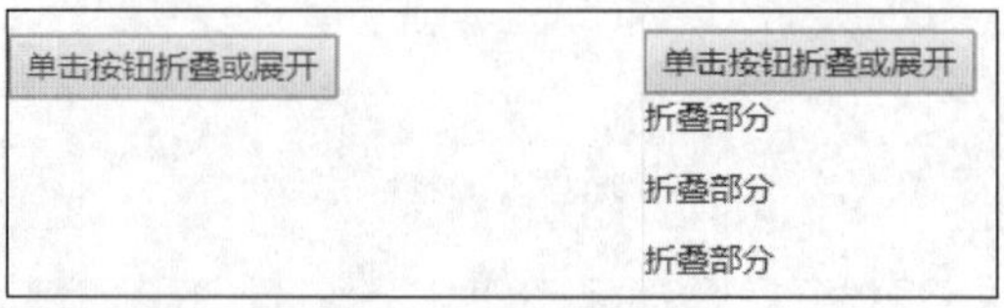

图6-46 折叠及展开效果示例

【例6-46】中被折叠部分默认是隐藏的，这是通过被折叠的<div>元素中的属性 class="collapse"
来设置的。表6-19所示的是使用折叠组件的类。

表6-19 折叠组件的类

类名	描述
.collapse	初始隐藏折叠内容
.collapse.in	初始显示折叠内容

【例6-47】是一个可折叠面板的示例。被折叠部分是 id="collapseOne"的<div>，这个<div>的样
式定义为 class="panel-collapse collapse in"，其中"collapse in"表示默认是展开显示，如果要设置其
默认是隐藏的则修改为"collapse"。触发的链接位于面板标题，除了设置其属性
data-toggle="collapse"，还要定义其属性 data-parent="#accordion"以及 href="#collapseOne"。显
示效果如图6-47所示。

【例6-47】

```
<div class="panel-group" id="accordion">        <!--可折叠面板组-->
        <div class="panel panel-default">    <!--面板-->
            <div class="panel-heading">      <!--面板标题-->
                <!--触发链接及设置-->
                <h4 class="panel-title"><a data-toggle="collapse" data-parent="#accordion"
href="#collapseOne">点击展开</a></h4>
            </div>
                <!--被折叠部分-->
        <div id="collapseOne" class="panel-collapse collapse in"><div class="panel-body">
详细内容</div>
                <!--被折叠部分结束-->
        </div>      <!--以上是面板标题部分-->
    </div> <!--以上是面板部分-->
    </div>
```

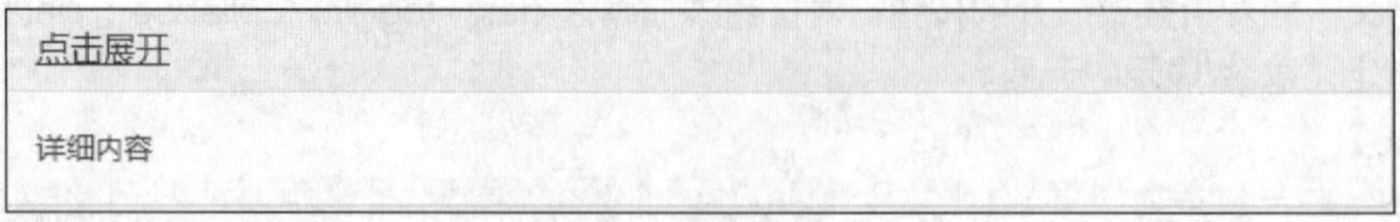

点击展开
详细内容

图6-47 折叠面板示例

折叠面板也可以使用 JavaScript 控制，脚本中可以调用的方法说明如表 6-20 所示。

表6-20　折叠组件的方法

方法	描述	实例
collapse(options)	激活内容为可折叠元素。接受一个可选的 options 对象	$('#identifier').collapse({ toggle: false})
collapse('toggle')	切换显示/隐藏可折叠元素	$('#identifier').collapse('toggle')
collapse('show')	显示可折叠元素	$('#identifier').collapse('show')
collapse('hide')	隐藏可折叠元素	$('#identifier').collapse('hide')

6.5.8　在 Adobe Dreamweaver CC 中插入 Bootstrap 组件

Adobe Dreamweaver CC 中提供了一些 Bootstrap 组件可以直接插入，只需单击"插入"菜单，选择"Bootstrap 组件"并选择要插入的内容即可，如图 6-48 所示。这个操作便于我们在网页中插入一些组件的示例代码，也便于初学者学习相关的组件代码。我们在前面也曾使用过这个插入菜单，有兴趣的读者可以尝试其他插入项。

图 6-48　Adobe Dreamweaver CC 中 Bootstrap 组件插入菜单

6.6 本章实训：使用 Bootstrap 实现简单的响应式网页

本节实现的效果图如图 6-49 所示。

图 6-49　Bootstrap 实现的响应式网页

6.6.1　搭建 Bootstrap 环境

搭建代码如下所示：

```
<!DOCTYPE html>
<html lang="zh-cn">
<head>
    <meta charset="UTF-8">
    <meta    name="viewport"    content="width=device-width,    initial-scale=1,
maximum-scale=1">
    <title>项目实战</title>
<link rel="stylesheet" href="css/bootstrap.min.css">
<script src="js/jquery.min.js"></script>
<script src="js/bootstrap.min.js"></script>
```

```
    </head>
    <body>
    </body>
    </html>
```

注意，jquery.min.js 文件一定要放在 bootstrap.min.js 文件之前，否则无效。还需将 Bootstrap 所有的图标字体文件全部放在 ../fonts/ 目录内。否则下面引入的图标将无效。

6.6.2　响应式导航条实现

主要使用 navbar，代码如下：

```
<nav class="navbar navbar-default navbar-fixed-top">
  <div class="container">
    <div class="navbar-header">
        <a href="#" class="navbar-brand">品牌 LOGO</a>
        <button class="navbar-toggle" data-toggle="collapse" data-target="#navbar-
collapse">
            <span class="icon-bar"></span>
            <span class="icon-bar"></span>
            <span class="icon-bar"></span>
        </button>
    </div>

<div class="collapse navbar-collapse" id="navbar-collapse">
    <ul class="nav navbar-nav navbar-right" style="margin-top:0;">
        <li class="active"><a href="#">首页</a></li>
        <li><a href="#">关于</a></li>
        <li><a href="#">产品</a></li>
        <li><a href="#">联系</a></li>
    </ul>
</div>

  </div>
</nav>
```

6.6.3　响应式轮播图

主要使用轮播图组件 carousel，主要代码如下：

```
<div id="myCarousel" class="carousel slide">
  <ol class="carousel-indicators">
    <li class="active" data-target="#myCarousel" data-slide-to="0"></li>
    <li data-target="#myCarousel" data-slide-to="1"></li>
    <li data-target="#myCarousel" data-slide-to="2"></li>
  </ol>
  <div class="carousel-inner">
    <div class="item active" style="background:#223240;">
      <img src="img/slide1.png" alt="第 1 张">
</div>
    <div class="item" style="background:#F5E4DC;">
      <img src="img/slide2.png" alt="第 2 张">
    </div>
    <div class="item" style="background:#DE2A2D;">
      <img src="img/slide3.png" alt="第 3 张">
```

```
        </div>
      </div>
        <a href="#myCarousel" data-slide="prev" class="carousel-control left">
          <span class="glyphicon glyphicon-chevron-left"></span>
        </a>
        <a href="#myCarousel" data-slide="next" class="carousel-control right">
          <span class="glyphicon glyphicon-chevron-right"></span>
        </a>
</div>
<script>
$(function(){      //定义自动轮播
    $('#myCarousel').carousel({
        interval:3000,
    });
</script>
```

6.6.4 页面内容

主要是一个网格布局，页面主要代码如下：

```
<div class="tab1">
  <div class="container">
      <h2 class="tab-h2">「 计算机网站开发 」</h2>
      <p class="tab-p">计算机技术应用得很广泛，不管是什么性质的单位都要用到计算机专业的人才，就业前景很
好。</p>
      <div class="col-md-6 col">
        <div class="media">
          <div class="media-left">
            <a href="#"><img class="media-object" src="img/tab1-1.jpg" alt=""></a>
          </div>
          <div class="media-body">
            <h4 class="media-heading">PHP</h4>
            <p>PHP 是目前最流行的服务端 Web 程序开发语言之一</p>
            <p>PHP 主要的特点是语法简单易于学习、功能强大、灵活易用。</p>
          </div>
        </div>
      </div>

      <div class="col-md-6 col">
        <div class="media">
          <div class="media-left">
            <a href="#"><img class="media-object" src="img/tab1-2.jpg" alt=""></a>
          </div>
          <div class="media-body">
            <h4 class="media-heading">Bootstrap</h4>
            <p>Bootstrap 是目前最受欢迎的前端框架。</p>
            <p>Bootstrap 是基于 HTML、CSS、javascript 的，简洁灵活。</p>
          </div>
        </div>
      </div>

      <div class="col-md-6 col">
        <div class="media">
          <div class="media-left">
            <a href="#"><img class="media-object" src="img/tab1-3.jpg" alt=""></a>
```

```
                  </div>
                  <div class="media-body">
                     <h4 class="media-heading">JavaScript</h4>
                     <p>JavaScript 是一种基于对象和事件驱动的脚本语言。</p>
                     <p>JavaScript 同时也是一种广泛用于 Web 客户端开发的脚本语言。</p>
                  </div>
               </div>
            </div>


            <div class="col-md-6 col">
               <div class="media">
                  <div class="media-left">
                     <a href="#"><img class="media-object" src="img/tab1-4.jpg" alt=""></a>
                  </div>
                  <div class="media-body">
                     <h4 class="media-heading">jQuery</h4>
                     <p>jQuery 是一个兼容多浏览器的 JavaScript 框架</p>
                     <p>jQuery 已经成为最流行的 JavaScript 框架</p>
                  </div>
               </div>
            </div>
         </div>
      </div>
      <div class="tab2">
         <div class="container">
            <div class="row">
               <div class="col-md-6 col-sm-6 tab2-img">
                  <img src="img/tab2.png" class="auto img-responsive center-block" alt="">
               </div>
               <div class="text col-md-6 col-sm-6 tab2-text">
                  <h3>强大的学习体系</h3>
                  <p>经过管理学大师层层把关、让您的企业突飞猛进。</p>
               </div>
            </div>
         </div>
      </div>
      <div class="tab3">
         <div class="container">
            <div class="row">
               <div class="col-md-6 col-sm-6">
                  <img src="img/tab3.png" class="auto img-responsive center-block" alt="">
               </div>
               <div class="text col-md-6 col-sm-6">
                  <h3>完美的管理方式</h3>
                  <p>最新的管理培训方案，让您的企业赶超同行。</p>
               </div>
            </div>
         </div>
      </div>
```

6.6.5　页面底部

页面底部主要是一些版权信息等，可使用 HTML 5 中的<footer>，主要代码如下：

```
<footer id="footer" class="text-muted">
```

```
<div class="container">
<p>计算机系 ｜ 网站开发 ｜ Bootstrap</p>
<p>地址：广东省 XXX 市 XXXXXXXXXXXXXXXXXX</p>
</div>
</footer>
```

6.6.6 页面样式及脚本代码

设置全局 CSS 代码如下：

```
<style>
/*通用*/
body {
font-family: "Helvetica Neue", Helvetica, Arial, "Microsoft Yahei
UI", "Microsoft YaHei", SimHei, "\5B8B\4F53", simsun, sans-serif;
}
/*-----*/
  #myCarousel{
    margin-top:50px;
  }
  #navbar-collapse ul{
    margin-top:0;
  }
  /*轮播图居中*/
  .carousel-inner img{
   margin:0 auto;
  }
/*  .carousel-control{
    font-size: 100px;
  }*/
/*首页内容*/
.tab1{
    margin:30px 0;
    color: #666;
}
.tab-h2{
    font-size: 20px;
    color: #0059B2;
    text-align: center;
    letter-spacing: 1px;
}
.tab-p{
    font-size: 15px;
    color: #999;
    text-align: center;
    letter-spacing: 1px;
    margin: 20px 0 40px 0;
}

.tab1 .text-muted{
    color:#999;
    text-decoration: line-through;;
}
.tab1 .media-heading{
    margin: 5px 0 20px 0;
```

```
}
.tab1 .col {
padding: 20px;
}
/*移动端优先*/

/* 小屏幕（平板，大于等于 768p x） */
@media (min-width: 768px) {
    .tab-h2 {
    font-size: 26px;
}

    .tab-p {
    font-size: 16px;
}
}
/* 中等屏幕（桌面显示器，大于等于 992px） */
@media (min-width: 992px) {
.tab-h2 {
    font-size: 28px;
}
.tab-p {
    font-size: 17px;
}
}
/* 大屏幕（大桌面显示器，大于等于 1200px） */
@media (min-width: 1200px) {
    .tab-h2 {
    font-size: 30px;
}
.tab-p {
    font-size: 18px;
}
}

.tab2 {
    padding: 60px 20px;
    text-align: center;
}
.tab2 img {
    width: 40%;
    height: 40%;
}
.tab3 {
    padding: 40px 0;
    text-align: center;
}
.tab3 img {
    width: 65%;
    height: 65%;
}
.text h3 {
    font-size: 20px;
}
.text p {
```

```
        font-size: 14px;
}
/* 小屏幕（平板，大于等于 768px） */
@media (min-width: 768px) {
.text h3 {
        font-size: 22px;
}
.text p {
        font-size: 15px;
}
.tab2-text {
        float: left;
}
.tab2-img {
        float: right;
}
}
/* 中等屏幕（桌面显示器，大于等于 992px） */
@media (min-width: 992px) {
.text h3 {
        font-size: 24px;
}
.text p {
        font-size: 16px;
}
.tab2-text {
        float: left;
}
.tab2-img {
        float: right;
}
}
/* 大屏幕（大桌面显示器，大于等于 1200px） */
@media (min-width: 1200px) {
.text h2 {
        font-size: 26px;
}
.text p {
        font-size: 18px;
}
.tab2-text {
        float: left;
}
.tab2-img {
        float: right;
}
}

/*底部*/
#footer {
    padding: 20px;
    text-align: center;
    background-color: #eee;
    border-top: 1px solid #ccc;
```

```
}</style>
```

习题

一、选择题

1. Bootstrap 插件全部依赖于 (　　　)。

　　A. JavaScript　　　　　B. jQuery　　　　　　C. Angular JS　　　D. Node JS

2. 表单元素要加上什么类，才能给表单添加圆角属性和阴影效果? (　　　)

　　A. form-group　　　　B. form-horizontal　　C. form-inline　　　D. form-control

3. 用 JavaScript 怎样让轮播图从第 2 个图片开始播放? (　　　)

　　A. $('.carousel').carousel()　　　　　　　B. $('.carousel').carousel(0)

　　C. $('.carousel').carousel(1)　　　　　　　D. $('.carousel').carousel(2)

4. 如何让轮播图在页面切换时有动画? (　　　)

　　A. 添加 in 类　　　　B. 添加 fade 类　　　C. 添加 active 类　　D. 添加 slide 类

5. 关于轮播图说法正确的是 (　　　)。

　　A. 轮播图的页面切换索引从 1 开始

　　B. 下一页实现方式为 data-slide-to="prev"

　　C. 可以使用 carousel-caption 类为图片添加描述

　　D. 上一页实现方式为 data-slide-to="-1"

6. 修改轮播图的页面切换的时间间隔是通过以下哪个属性? (　　　)

　　A. data- interval　　B. data- pause　　　C. data- wrap　　　D. data-time

7. 表单中的<div class="input-group">是定义了一个 (　　　)。

　　A. 按钮组　　　　　　B. 输入框组　　　　　C. 列表组　　　　　D. 面板组

8. 以下定义了一个胶囊式导航的是 (　　　)。

　　A. class="nav nav-tabs"　　　　　　　　　B. class="nav nav-pills nav-justified"

　　C. class="breadcrumb"　　　　　　　　　　D. class="pagination pagination-lg"

9. 如果一个导航栏定义为 class="navbar navbar-default navbar-fixed-top"，则滚动页面时，这个导航栏 (　　　)。

　　A. 始终保持在页面顶部　　　　　　　　　　B. 始终保持在页面底部

　　C. 随着页面滚动位置而定　　　　　　　　　D. 在随机位置出现

10. 如果一个导航栏的定义为

<nav class="navbar navbar-inverse navbar-fixed-bottom" role="navigation">，则关于这个导航栏，以下说法正确的是 (　　　)。

　　A. 这个导航栏将以默认样式显示

　　B. 这个导航栏始终保持在页面顶部显示

　　C. 这个导航栏始终保持在页面底部显示

　　D. 这个导航栏的位置将随着页面滚动发生改变

11. 要定义 Bootstrap 的缩略图，class="thumbnail"可以定义在 (　　　)。

　　A. <img>　　　　　B. <a>　　　　　　C. <nav>　　　　　D. <p>

12. 以下哪个 Bootstap 组件使用时可以不需要另外定义触发? (　　　)

　　A. popover　　　　　B. tooltip　　　　　C. modal　　　　　D. well

13. 输入框组想加上图标，可以实现对表单控件的扩展的类是（　　　）。

    A. .input-group-btn　　　　　　　　　　B. .input-group-addon

    C. form-control　　　　　　　　　　　　D. input-group-extra

14. 标签页垂直方向堆叠排列，需要添加的类是（　　　）。

    A. nav-vertical　　　　B. nav-tabs　　　　C. nav-pills　　　　D. nav-stacked

15. 可以把导航固定在顶部的类是（　　　）。

    A. navbar-fixed-top　　　　　　　　　　B. navbar-fixed-bottom

    C. navbar-static-top　　　　　　　　　　D. navbar-inverse

16. 导航条在小屏幕会被折叠，实现显示和折叠功能的按钮需要加什么？（　　　）

    A. 折叠按钮加 data-toggle=' collapsed'，折叠容器需要加 collapsed 类

    B. 折叠按钮加 data-toggle=' collapsed''，折叠容器需要加 collapse 类

    C. 折叠按钮加 data-toggle='scroll'，折叠容器需要加 collapse 类

    D. 折叠按钮加 data-spy='scroll'，折叠容器需要加 collapse 类

17. 实现 nav 平铺整行，应该加哪个类？（　　　）

    A. nav-center　　　B. nav-justified　　　C. nav-left　　　D. nav-right

18. 模态框提供了哪些尺寸？（　　　）

    A. modal-xs, modal-sm, modal-md, modal-lg

    B. modal-sm, modal-md, modal-lg

    C. modal-xs, modal-sm

    D. modal-sm, modal-lg

19. 如果你不需要模态框弹出时的动画效果（淡入/淡出效果），怎样去掉？（　　　）

    A. 删掉 .fade 类即可　　　　　　　　　B. 添加删掉.fade 类即可

    C. 去掉 .active 类即可　　　　　　　　D. 去掉.in 类即可

20. 怎样实现滚动监听事件？（　　　）

    A. 添加 data-toggle='scroll'　　　　　　B. 添加 data-target='scroll'

    C. 添加 data-spy='scroll'　　　　　　　D. 添加 data-dismiss="scroll"

21. 关闭 modal 的按钮应该加什么属性？（　　　）

    A. data-dismiss='modal'　　　　　　　B. data-toggle='modal'

    C. data-spy='modal'　　　　　　　　　D. data-hide='true'

22. 下列不属于 panel 的组成要素的是（　　　）。

    A. panel-heading　　B. panel-body　　C. panel-footer　　D. panel-content

23. 对于 tooltip 的元素，data-placement 的作用是（　　　）。

    A. 工具提示条的显示大小　　　　　　　B. 工具提示条的显示位置

    C. 工具提示条的显示动画　　　　　　　D. 工具提示条的显示颜色

24. 怎样为进度条创建条纹效果？（　　　）

    A. 添加类 progress-bar-striped　　　　　B. 添加类 progress-bar

    C. 添加类 progress-striped　　　　　　　D. 添加类 progressBar-striped

25. 滚动监听哪个属性可以设置滚动条距离顶端的位置距离？（　　　）

    A. data-offsetY　　　B. data-offset　　　C. data-spy　　　D. data-dismiss

26. 标签页加了 fade 类给每个 tab-pane 使切换标签页时有动画，怎样让第一个默认显示出来？

（　　　）

    A. 添加类 active　　　B. 添加类 show　　　C. 添加类 in　　　D. 添加类 fadeIn

27. 怎样让 tooltips 通过点击事件弹出？（　　）

    A. data- placement="click"　　　　　　B. data- delay="click"

    C. data- title="click"　　　　　　　　　D. data-trigger="click"

28. 下列说法正确的是（　　）。

    A. button 组件能同时支持工具提示和控制模态框

    B. 不要在同一个元素上同时使用多个插件的 data 属性

    C. 使用 Bootstrap 插件不需要引用 jQuery

    D. Bootstrap 插件不可以单个引入

29. 怎样只关闭警告框的 data-API？（　　）

    A. $(document).off('.data-api')

    B. $(document).off('.alert-data-api')

    C. $(document).off('.data-api.alert')

    D. $(document).off('.alert.data-api')

30. 关于分页组件说法错误的是（　　）。

    A. 使用 pagination 类来实现

    B. .pagination-lg、.pagination-sm 类提供了额外可供选择的尺寸

    C. .disabled 类不可用于翻页中的链接

    D. previous 类和 next 类可以表示上一页、下一页

二、操作题

1. 使用 Bootstrap 实现一个响应式表单。要求表单至少包括 5 个输入项、按钮组等表单元素，并在提交时使用模态框（modal）提示"提交成功"。

2. 使用 Bootstrap 实现一个轮播图效果页面。要求页面具有必要的布局、导航、提示信息。

3. 使用 Bootstrap 设计一个网站首页。要求页面具有必要的布局、导航、提示信息。

7

Bootstrap 页面效果设计实例

Bootstrap 的功能非常强大，利用 Bootstrap 结合 HTML 5 及 CSS 3，就可以实现很多以前往往需要较复杂的脚本代码才能实现的页面效果，大大提高了前端开发的效率。本章我们将介绍 3 个页面效果优化的实例，以加深读者对 Bootstrap 的认识。

7.1 登录表单优化实例

这个实例是设计基于 Bootstrap 的简洁登录界面效果。登录界面利用 Bootstrap 的网格和表单元素来进行布局，易于实现，简单美观，非常实用。

7.1.1 网页主体内容

首先新建一个网页，导入所需要的 Bootstrap 相关文件包，例如：

```
<link href="css/bootstrap.css" rel="stylesheet">
<script src=" js/jquery-1.11.2.min.js"></script>
<script src=" js/bootstrap.js"></script>
```

接着，在<body>内输入以下代码，创建网页的主体内容：

```
<div class="container">
    <div class="row">
        <div class="col-md-offset-3 col-md-6">
            <form class="form-horizontal">
                <span class="heading">用户登录</span>
                <div class="form-group">
                    <input    type="email"    class="form-control"    id="inputEmail"
placeholder="用户名或电子邮件">
                </div>
                <div class="form-group help">
    <input type="password" class="form-control" id="inputPassword" placeholder="密 码">
                </div>
                <div class="form-group">
                    <div class="main-checkbox">
                    <input type="checkbox" value="None" id="checkbox1" name="check"/>
                        <label for="checkbox1"></label>
                    </div>
                    <span class="text">Remember me</span>
                    <button type="submit" class="btn btn-default">登录</button>
```

```
            </div>
        </form>
    </div>
</div>
```

这个网页包含了一个水平表单，并使用 Bootstrap 网格来定位。表单中包含了若干控件，例如输入框组、按钮组等。

7.1.2　样式设置

在网页中增加以下 CSS 样式定义：

```css
<style type="text/css">
body{
    background:#C5C5C5;}
.form-bg{
    background: #00b4ef;
}
.form-horizontal{
    background: #fff;
    padding-bottom: 40px;
    border-radius: 15px;
    text-align: center;
}
.form-horizontal .heading{
    display: block;
    font-size: 35px;
    font-weight: 700;
    padding: 35px 0;
    border-bottom: 1px solid #f0f0f0;
    margin-bottom: 30px;
}
.form-horizontal .form-group{
    padding: 0 40px;
    margin: 0 0 25px 0;
    position: relative;
}
.form-horizontal .form-control{
    background: #f0f0f0;
    border: none;
    border-radius: 20px;
    box-shadow: none;
    padding: 0 20px 0 45px;
    height: 40px;
    transition: all 0.3s ease 0s;
}
.form-horizontal .form-control:focus{
    background: #e0e0e0;
    box-shadow: none;
    outline: 0 none;
}
.form-horizontal .form-group i{
    position: absolute;
    top: 12px;
    left: 60px;
```

```
        font-size: 17px;
        color: #c8c8c8;
        transition : all 0.5s ease 0s;
}
.form-horizontal .form-control:focus + i{
        color: #00b4ef;
}
.form-horizontal .fa-question-circle{
        display: inline-block;
        position: absolute;
        top: 12px;
        right: 60px;
        font-size: 20px;
        color: #808080;
        transition: all 0.5s ease 0s;
}
.form-horizontal .fa-question-circle:hover{
        color: #000;
}
.form-horizontal .main-checkbox{
        float: left;
        width: 20px;
        height: 20px;
        background: #11a3fc;
        border-radius: 50%;
        position: relative;
        margin: 5px 0 0 5px;
        border: 1px solid #11a3fc;
}
.form-horizontal .main-checkbox label{
        width: 20px;
        height: 20px;
        position: absolute;
        top: 0;
        left: 0;
        cursor: pointer;
}
.form-horizontal .main-checkbox label:after{
        content: "";
        width: 10px;
        height: 5px;
        position: absolute;
        top: 5px;
        left: 4px;
        border: 3px solid #fff;
        border-top: none;
        border-right: none;
        background: transparent;
        opacity: 0;
        -webkit-transform: rotate(-45deg);
        transform: rotate(-45deg);
}
.form-horizontal .main-checkbox input[type=checkbox]{
        visibility: hidden;
```

```
}
.form-horizontal .main-checkbox input[type=checkbox]:checked + label:after{
    opacity: 1;
}
.form-horizontal .text{
    float: left;
    margin-left: 7px;
    line-height: 20px;
    padding-top: 5px;
    text-transform: capitalize;
}
.form-horizontal .btn{
    float: right;
    font-size: 14px;
    color: #fff;
    background: #00b4ef;
    border-radius: 30px;
    padding: 10px 25px;
    border: none;
    text-transform: capitalize;
    transition: all 0.5s ease 0s;
}
@media only screen and (max-width: 479px){
    .form-horizontal .form-group{
        padding: 0 25px;
    }
    .form-horizontal .form-group i{
        left: 45px;
    }
    .form-horizontal .btn{
        padding: 10px 20px;
    }
}
</style>
```

样式表对水平表单及其控件的样式进行了优化，还补充了一些媒体查询的设置。

网页的浏览效果如图 7-1 所示。

图 7-1　登录表单显示效果

7.2 标签式导航优化效果实例

这个实例是实现基于 Bootstrap 的 tabs 选项卡美化，是在原生 Bootstrap 选项卡的基础上，使用 CSS 3 样式来美化。

7.2.1 网页主体内容

首先新建一个网页，导入所需要的 Bootstrap 相关文件包，例如：

```
<link href="css/bootstrap.css" rel="stylesheet">
<script src=" js/jquery-1.11.2.min.js"></script>
<script src=" js/bootstrap.js"></script>
```

页面主体内容如以下代码所示：

```
<div class="demo">
    <div class="container">
        <div class="row">
            <div class="col-md-offset-3 col-md-6">
                <div class="tab" role="tabpanel">
                    <!-- Nav tabs -->
                    <ul class="nav nav-tabs" role="tablist">
                        <li role="presentation" class="active"><a href="#Section1"
aria-controls="home"role="tab" data-toggle="tab">Section 1</a></li>
                        <li role="presentation"><a href="#Section2" aria-controls=
"profile"role="tab" data-toggle="tab">Section 2</a></li>
                        <li role="presentation"><a href="#Section3" aria-controls=
"messages"role="tab" data-toggle="tab">Section 3</a></li>
                    </ul>
                    <!-- Tab panes -->
                    <div class="tab-content tabs">
                        <div role="tabpanel" class="tab-pane fade in active"
id="Section1">
                            <h3>Section 1</h3>
                            <p>…</p>
                        </div>
                        <div role="tabpanel" class="tab-pane fade" id="Section2">
                            <h3>Section 2</h3>
                            <p>…</p>
                        </div>
                        <div role="tabpanel" class="tab-pane fade" id="Section3">
                            <h3>Section 3</h3>
                            <p>…</p>
                        </div>
                    </div>
                </div>
            </div>
        </div>
    </div>
</div>
```

这个页面主要是使用了标签式导航，还使用了类.fade 实现淡入/淡出的效果。网页元素是通过网格系统定位的。

7.2.2 样式设置

在网页中增加以下 CSS 样式定义：

```
<style type="text/css">
  a:hover,a:focus{
    outline: none;
    text-decoration: none;
}
```

```css
.tab .nav-tabs{
    position: relative;
    border-bottom: 0 none;
}
.tab .nav-tabs li{
    text-align: center;
}
.tab .nav-tabs li a{
    display: block;
    height: 70px;
    line-height: 65px;
    background: linear-gradient(165deg, transparent 29%, #908a78 30%);
    font-size: 15px;
    font-weight: 600;
    color: #fff;
    text-transform: uppercase;
    margin-right: 0;
    border-radius: 0;
    border: none;
    position: relative;
    transition: all 0.5s ease 0s;
}
.tab .nav-tabs li.active a,
.tab .nav-tabs li a:hover{
    background: linear-gradient(165deg, transparent 29%, #efe8d5 30%);
    border: none;
    color: #908a78;
}
.tab .nav-tabs li a:before{
    content: "";
    height: 70px;
    line-height: 90px;
    border-bottom: 70px solid rgba(0, 0, 0, 0.1);
    border-right: 10px solid transparent;
    position: absolute;
    top: 0;
    left: 100%;
    z-index: 1;
}
.tab .nav-tabs li:last-child a:before{
    border: none;
}
.tab .tab-content{
    font-size: 14px;
    color: #6f6c6c;
    line-height: 26px;
    background: #efe8d5;
    padding: 20px;
}
.tab .tab-content h3{
    font-size: 24px;
    color: #6f6c6c;
    margin-top: 0;
}
```

```
    .tab .tab-content p{
        margin-bottom: 0;
    }
@media only screen and (max-width: 480px){
        .tab .nav-tabs li{
            width: 100%;
            margin-bottom: 8px;
        }
        .tab .nav-tabs li:last-child{
            margin-bottom: 0;
        }
        .tab .nav-tabs li a:before{
            border: none;
        }
    }
    </style>
```

这里我们对标签式导航及其组成的样式进行了优化，还补充了一些媒体查询的设置。其中标签导航的边距、间距、背景阴影显示等都使用了 CSS3 的参数来设置，包括一些半透明度、渐变（例如：background: linear-gradient(165deg, transparent 29%, #efe8d5 30%);）等。网页的浏览效果如图 7-2 所示。

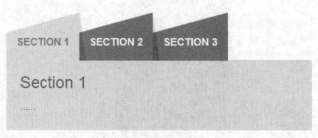

图 7-2 标签式导航优化效果示例

7.3 "手风琴式"折叠菜单效果

所谓"手风琴式"折叠菜单，实际上就是使用第 6 章中学习过的面板（panel）组件实现的渐变折叠及展开。

7.3.1 网页主体内容

首先新建一个网页，导入所需要的 Bootstrap 相关文件包，例如：

```
<link href="css/bootstrap.css" rel="stylesheet">
<script src=" js/jquery-1.11.2.min.js"></script>
<script src=" js/bootstrap.js"></script>
```

页面主要包括一些面板组件，第一个菜单初始状态是展开的，其他菜单初始是折叠状态。页面主体内容代码如下所示：

```
<div class="container">
    <div class="row">
        <div class="col-md-offset-3 col-md-6">
            <div class="panel-group" id="accordion" role="tablist" aria-multiselectable=
"true">
                <div class="panel panel-default">
                    <div class="panel-heading" role="tab" id="headingOne">
```

```
                            <h4 class="panel-title">
                                <a  role="button"  data-toggle="collapse"  data-parent=
"#accordion" href="#collapseOne" aria-expanded="true" aria-controls="collapseOne">
                                    Section 1
                                </a>
                            </h4>
                        </div>
                        <div id="collapseOne" class="panel-collapse collapse in" role=
"tabpanel"aria-labelledby="headingOne">
                            <div class="panel-body">
                                <p>菜单内容1 </p>
                            </div>
                        </div>
                    </div>

                    <div class="panel panel-default">
                        <div class="panel-heading" role="tab" id="headingTwo">
                            <h4 class="panel-title">
                                <a class="collapsed" role="button" data-toggle="collapse"
data-  parent="#accordion"   href="#collapseTwo"   aria-expanded="false"   aria-controls=
"collapseTwo">
                                    Section 2
                                </a>
                            </h4>
                        </div>
                        <div  id="collapseTwo"  class="panel-collapse  collapse"  role=
"tabpanel"aria-labelledby="headingTwo">
                            <div class="panel-body">
                                <p>菜单内容2</p>
                            </div>
                        </div>
                    </div>
                    <div class="panel panel-default">
                        <div class="panel-heading" role="tab" id="headingThree">
                            <h4 class="panel-title">
                                <a class="collapsed" role="button" data-toggle="collapse"
data-parent="#accordion" href="#collapseThree" aria-expanded="false" aria-controls="collapse
Three">
                                    Section 3
                                </a>
                            </h4>
                        </div>
                        <div id="collapseThree" class="panel-collapse collapse" role=
"tabpanel"aria-labelledby="headingThree">
                            <div class="panel-body">
                                <p>菜单内容3</p>
                            </div>
                        </div>
                    </div>
                </div>
            </div>
        </div>
    </div>
```

7.3.2 样式设置

在网页中增加以下CSS样式定义：

```css
<style type="text/css">
 a:hover,a:focus{
     text-decoration: none;
     outline: none;
}
#accordion .panel{
     border: none;
     box-shadow: none;
     border-radius: 0;
     margin: 0 0 15px 10px;
}
#accordion .panel-heading{
     padding: 0;
     border-radius: 30px;
}
#accordion .panel-title a{
     display: block;
     padding: 12px 20px 12px 50px;
     background: #ebb710;
     font-size: 18px;
     font-weight: 600;
     color: #fff;
     border: 1px solid transparent;
     border-radius: 30px;
     position: relative;
     transition: all 0.3s ease 0s;
}
#accordion .panel-title a.collapsed{
     background: #fff;
     color: #0d345d;
     border: 1px solid #ddd;
}
#accordion .panel-title a:after,
#accordion .panel-title a.collapsed:after{
     content: "\f107";

     width: 55px;
     height: 55px;
     line-height: 55px;
     border-radius: 50%;
     background: #ebb710;
     font-size: 25px;
     color: #fff;
     text-align: center;
     border: 1px solid transparent;
     box-shadow: 0 3px 10px rgba(0, 0, 0, 0.58);
     position: absolute;
     top: -5px;
     left: -20px;
     transition: all 0.3s ease 0s;
}
```

```
#accordion .panel-title a.collapsed:after{
    content: "\f105";
    background: #fff;
    color: #0d345d;
    border: 1px solid #ddd;
    box-shadow: none;
}
#accordion .panel-body{
    padding: 20px 25px 10px 9px;
    background: transparent;
    font-size: 14px;
    color: #8c8c8c;
    line-height: 25px;
    border-top: none;
    position: relative;
}
#accordion .panel-body p{
    padding-left: 25px;
    border-left: 1px dashed #8c8c8c;
}
 </style>
```

其显示效果如图 7-3 所示。

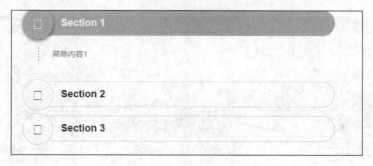

图 7-3　"手风琴式"折叠菜单效果

参考本章的设计实例，对已有页面进行优化。

第 8 章

Bootstrap 响应式网页开发综合实例

通过前面几章的学习，我们应该对 Javascript、jQuery、Bootstrap 的基础都有了全面的了解，在本章中，我们将会把前面讲述过的知识点做一个综合运用，快速制作一个响应式网站的首页案例。

制作的主要步骤如下：第一是搭建基本框架，即引入 Bootstrap 所需的代码包；第二是制作导航条；第三是制作主要内容，常见的网页内容包括轮播图、主体内容、页脚信息等。制作完成的整体效果如图 8-1 所示。

图 8-1　整体效果图

8.1　搭建 Bootstrap 基本框架

搭建基本框架的主要任务是引入 Bootstrap 所需的代码包。前面说到 Bootstrap 是一个前端开发框架，其实主要就是一个样式表文件（bootstrap.min.css）和一个 Javascript 文件（bootstrap.min.js），在页面里把它们引入进来后，就可以直接使用里面的 CSS 规则和组件了。

方法一：远程引入方式。

引用官网 Bootstrap 3 中文网 https://v3.bootcss.com/在线代码包，基本模板代码可参考官网。找到导航栏"起步"，或输入链接：https://v3.bootcss.com/getting-started/，打开如图 8-2 所示界面，然后再下拉找到模板代码，如图 8-3 所示。

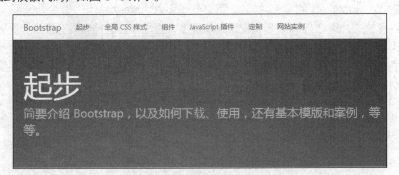

图 8-2　官网"起步"菜单模块页

```
<!DOCTYPE html>
<html lang="zh-CN">
  <head>
    <meta charset="utf-8">
    <meta http-equiv="X-UA-Compatible" content="IE=edge">
    <meta name="viewport" content="width=device-width, initial-scale=1">
    <!-- 上述3个meta标签*必须*放在最前面，任何其他内容都*必须*跟随其后！ -->
    <title>Bootstrap 101 Template</title>

    <!-- Bootstrap -->
    <link href="css/bootstrap.min.css" rel="stylesheet">

    <!-- HTML5 shim and Respond.js for IE8 support of HTML5 elements and media queries -->
    <!-- WARNING: Respond.js doesn't work if you view the page via file:// -->
    <!--[if lt IE 9]>
      <script src="https://cdn.bootcss.com/html5shiv/3.7.3/html5shiv.min.js"></script>
      <script src="https://cdn.bootcss.com/respond.js/1.4.2/respond.min.js"></script>
    <![endif]-->
  </head>
  <body>
    <h1>你好，世界！</h1>

    <!-- jQuery (necessary for Bootstrap's JavaScript plugins) -->
    <script src="https://cdn.bootcss.com/jquery/1.12.4/jquery.min.js"></script>
    <!-- Include all compiled plugins (below), or include individual files as needed -->
    <script src="js/bootstrap.min.js"></script>
  </body>
</html>
```

图 8-3　模板代码截图

关键代码主要在图 8-3 中 3 个方框中，主要作用是引入 Bootstrap 的代码包，但需要注意的是，最好是下载 Bootstrap 代码包到本地磁盘中再自己进行配置，因为加载官网远程的代码包有时速度会比较慢甚至无法连接。

方法二：本地引用方式。

在没有联网的环境，或者用上面的方式引入文件后浏览器报错，可以把 Bootstrap 的所有文件下载到本地后再引用到页面中

（1）新建好一个项目文件夹后，把下载好的 Bootstrap 代码包放入其中，代码包中主要有 3 个文件夹，默认命名分别是 css、js、font。

（2）在 Dreamweaver 中创建一个 HTML 5 的页面，在</title>标签后输入以下代码引入代码包：

```
<link rel="stylesheet" href="css/bootstrap.min.css">
<script src="js/jquery.min.js"></script>
<script src="js/bootstrap.min.js"></script>
```

第 1 句是引入 Bootstrap 的 CSS 样式，第 2 句是引入 jQuery.js 包，第 3 句是引入 Bootstrap 的 JS 包。需要注意的是，第 2 句和第 3 句位置不能互换，否则有时运行会没有效果，原因是 Bootstrap 的 JS 需要依赖第 2 句定义的 jQuery 代码内容。

选择上述两种方法之一导入所需的 Bootstrap 包后，自定义一个针对所有页面的通用 CSS index.css 文件，进行通用设置，代码如下：

```
body {
font-family: "Helvetica Neue", Helvetica, Arial, "Microsoft Yahei
UI", "Microsoft YaHei", SimHei, "\5B8B\4F53", simsun, sans-serif;
}
   .carousel-inner img{        /*轮播图居中*/
     margin:0 auto;
  }
/*   .carousel-control{
     font-size: 100px;
  }*/
.tab1{                         /*首页内容*/
     margin:30px 0;
     color: #666;
}
.tab-h2{
     font-size: 20px;
     color: #0059B2;
     text-align: center;
     letter-spacing: 1px;
}
.tab-p{
     font-size: 15px;
     color: #999;
     text-align: center;
     letter-spacing: 1px;
     margin: 20px 0 40px 0;
}

.tab1 .text-muted{
     color:#999;
     text-decoration: line-through;;
}
.tab1 .media-heading{
     margin: 5px 0 20px 0;
}
```

```
.tab1 .col {
padding: 20px;
}
/*移动端优先*/

/* 小屏幕（平板，大于等于 768px） */
@media (min-width: 768px) {
.tab-h2 {
    font-size: 26px;
}
.tab-p {
    font-size: 16px;
}
}
/* 中等屏幕（桌面显示器，大于等于 992px） */
@media (min-width: 992px) {
    .tab-h2 {
font-size: 28px;
}
.tab-p {
    font-size: 17px;
}
}
/* 大屏幕（大桌面显示器，大于等于 1200px） */
@media (min-width: 1200px) {
.tab-h2 {
    font-size: 30px;
}
.tab-p {
    font-size: 18px;
}
}
.tab2 {
    padding: 60px 20px;
    text-align: center;
}
.tab2 img {
    width: 40%;
    height: 40%;
}
.tab3 {
    padding: 40px 0;
    text-align: center;
}
.tab3 img {
    width: 65%;
    height: 65%;
}
.text h3 {
    font-size: 20px;
}
.text p {
    font-size: 14px;
}
```

```css
/* 小屏幕（平板，大于等于 768px） */
@media (min-width: 768px) {
.text h3 {
      font-size: 22px;
}
.text p {
      font-size: 15px;
}
.tab2-text {
      float: left;
}
.tab2-img {
      float: right;
}
}
/* 中等屏幕（桌面显示器，大于等于 992px） */
@media (min-width: 992px) {
.text h3 {
      font-size: 24px;
}
.text p {
      font-size: 16px;
}
.tab2-text {
      float: left;
}
.tab2-img {
      float: right;
}
}
/* 大屏幕（大桌面显示器，大于等于 1200px） */
@media (min-width: 1200px) {
.text h2 {
      font-size: 26px;
}
.text p {
      font-size: 18px;
}
.tab2-text {
      float: left;
}
.tab2-img {
      float: right;
}
}
/*底部*/
#footer {
      padding: 20px;
      text-align: center;
      background-color: #eee;
      border-top: 1px solid #ccc;
}
```

接着引入该 index.css 文件，代码如下：

```
<link rel="stylesheet" href="css/index.css">
```

8.2　设计导航栏

　　网站导航栏相当于网站的指路牌，导航条位于页面最顶部，提供整个网站所有页面的链接，起到了重要的导向作用，是网页设计必须制作的，也是用户浏览网站时必会用到的一个功能。导航条作为网站中导航页头的响应式基础组件，它们在移动设备上可以折叠（并且可开可关），且在视口（viewport）宽度增加时逐渐变为水平展开模式。

　　可在官网导航中的"组件"找到导航栏代码，如图 8-4 所示。

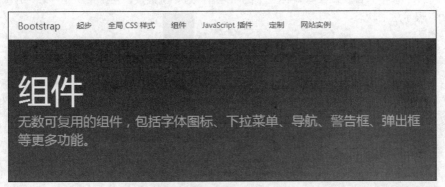

图8-4　官网"组件"菜单模块页

　　或访问链接：https://v3.bootcss.com/components/#navbar，找到"组件"模块，复制默认样式导航条代码，效果如图 8-5 所示。

图8-5　导航条示例代码效果图

我们要制作的页面内容的结构如图 8-6 所示，可对相应代码进行编写。

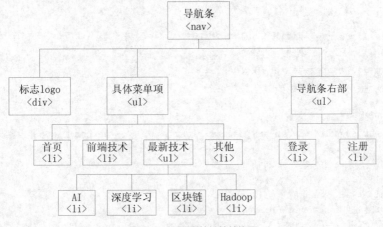

图8-6　网页导航标签结构图

制作 Bootstrap 导航栏关键技术点如下。

（1）添加一个\<nav\>标签，类名选择 navbar，如果是白色效果使用 default，黑色效果使用 navbar-inverse。

（2）在\<nav\>下添加一个\<div\>标签，设置为.container 类或者.container-fluid 类的容器，用来容纳导航条里的其他元素（链接、按钮等）。

（3）navbar-header 类用于设置网站 logo，可以使用文字，也可以使用图片，添加在\<ul\>前面。

（4）具体的菜单项必须选择\<ul\>标签而不能是\<div\>，否则在缩小宽度时，内容不会自动换行，影响响应式的效果。

（5）具体子菜单内容设置在\<ul\>标签下的\<li\>中作为导航链接，常把第一个 \<li\> 的 class 指定为 active，表示激活状态。

代码如下：

```html
<nav class="navbar navbar-inverse">
    <div class="container-fluid">
        <div class="navbar-header">
            <a class="navbar-brand" href="#">Bootstrap</a>   <!--放logo的地方-->
        </div>
        <!--具体子菜单项-->
        <ul class="nav navbar-nav">
            <li class="active"><a href="#">
             首页 <span class="sr-only">(current)</span></a></li>
            <li><a href="#">前端技术</a></li>
            <li class="dropdown">            <!--下拉菜单-->
                <a class="dropdown-toggle" href="#"
                data-toggle="dropdown" aria-haspopup="true" aria-expanded="true">
                最新技术
                <span class="caret"></span>
            </a>
            <ul class="dropdown-menu dropdowncolor"
                aria-labelledby="dropdownMenu1">
                <li><a href="#">人工智能</a></li>        <!--下拉菜单项-->
                <li><a href="#">深度学习</a></li>
                <li><a href="#">区块链</a></li>
                <li><a href="#">Hadoop</a></li>
            </ul>
        </li>
        <li><a href="#">教程API</a></li>
        <li><a href="#">深度好文</a></li>
        <li><a href="#">留言板</a></li>
        <li><a href="#">关于</a></li>
    </ul>
    <!--导航栏右部，登录 注册-->
    <ul class="nav navbar-nav navbar-right">      <!--navbar-right把内容设置到右边-->
        <li><a href="#">登录</a></li>
        <li><a href="#">注册</a></li>
    </ul>
    </div><!-- /.navbar-collapse -->
  </div><!-- /.container-fluid -->
</nav>
```

效果如图 8-7 所示。

图 8-7　导航条效果图

响应式效果如图 8-8 所示。

图 8-8　响应式导航条效果图

8.3　设计轮播图

实现轮播图效果（或叫"幻灯片"），可以使用 Bootstrap 中自带的轮播组件 carousel.js 来轻松完成。轮播图是网页制作中的最常用的一种特效，其作用是在使用一张图片的位置，通过定时器，设置自动或手动的控制，使得多张图片进行轮流切换显示。

可在官网导航中的"JavaScript 插件"找到导航栏代码，如图 8-9 所示。

图 8-9　官网"JavaScript 插件"菜单模块页

或访问链接：https://v3.bootcss.com/javascript/，找到"JavaScript 插件"中的轮播图 *carousel*，复制默认代码，效果如图 8-10 所示。再根据我们要制作的页面的内容，对代码进行修改和编写。

使用 carousel.js 制作 Bootstrap 轮播图关键技术点如下。

（1）<div class="carousel-inner" role="listbox"> 里面是主体内容区域，包括几张图片和对应说

明，分别用 <div class="item"> 包裹起来，设置轮播图片只需要更换<li>标签下的<img>标签中的链接即可。

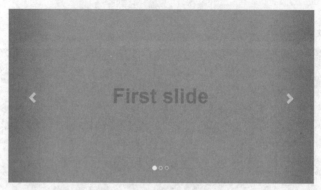

图8-10　示例代码轮播图效果

（2）<ol class="carousel-indicators"> 是"指示器"，即下方的那白色小点，标记当前播放到哪张图片。

（3）如果需要对图片增加文字说明，可在<li>标签下增加<h>标签，如<h4>。

（4）最后的两个 <a class="left carousel-control"> 元素是用于手动操作图片左右切换的按钮。

代码如下：

```
<div id="carousel-example-generic " class="carousel slide" data-ride="carousel">
    <ol class="carousel-indicators">
        <!-- 指示器 -->
        <li data-target="#carousel-example-generic" data-slide-to="0" class="active"></li>
        <li data-target="#carousel-example-generic" data-slide-to="1"></li>
        <li data-target="#carousel-example-generic" data-slide-to="2"></li>
        <li data-target="#carousel-example-generic" data-slide-to="3"></li>
    </ol>
    <!-- 包装的轮播图片-->
    <div class="carousel-inner" role="listbox" >
        <div class="item active">
            <img src="images/img01.jpg" alt="风景1">   <!--图片-->
            <div class="carousel-caption">
                <h4>图片1</h4>     <!--文字内容显示到图片上面，-->
            </div>
        </div>
        <div class="item">
            <img src="images/img02.jpg" alt="风景2">
            <div class="carousel-caption">
                <h4>图片2</h4>
            </div>
        </div>
        <div class="item">
            <img src="images/img03.jpg" alt="风景3">
            <div class="carousel-caption">
                <h4>图片3</h4>
            </div>
        </div>
        <div class="item">
```

```
                    <img src="images/img04.jpg" alt="风景 4">
                    <div class="carousel-caption">
                            <h4>图片 4</h4>
                    </div>
                </div>
            </div>
            <!-- Controls 左右控制-->
            <a class="left carousel-control" href="#carousel-example-generic" role="button"
data-slide="prev">
                    <span class="glyphicon glyphicon-chevron-left" aria-hidden="true"></span>
                    <span class="sr-only">Previous</span>
            </a>
            <a class="right carousel-control" href="#carousel-example-generic" role="button"
data-slide="next">
                    <span    class="glyphicon    glyphicon-chevron-right"    aria-hidden="true">
</span>
                    <span class="sr-only">Next</span>
            </a>
        </div>
```

其效果如图 8-11 所示。

图 8-11　轮播图效果

8.4　设计内容布局

8.4.1　网格布局系统

内容布局的设计在 Bootstrap 中常使用网格系统（又可称为栅格系统），其原理如图 8-12 所示。注意每行列数不得超过 12，否则会自动换行。

.col-md-1	.col-md-1	.col-md-1	.col-md-1	.col-md-1	.col-md-1	.col-md-1	.col-md-1	.col-md-1	.col-md-1	.col-md-1	.col-md-1
.col-md-8								.col-md-4			
.col-md-4				.col-md-4				.col-md-4			
.col-md-6						.col-md-6					

图 8-12　栅格系统说明图

可在官网导航中的"全局 CSS 样式"找到栅格系统代码，如图 8-13 所示。

图 8-13　官网"全局 CSS 样式"菜单模块页

使用 Bootstrap 栅格系统的关键技术点如下。

（1）栅格系统中每行的<row>代码需要写在一个共同的<div>标签.container-fluid 类中。

（2）栅格系统中每列的<div>代码需要写在一个共同的<row>标签中，常使用适用 PC 的中等设备.col-md-*类，如果是适用手机的超小屏幕设备使用.col-xs-*类，如果是适用平板设备则使用.col-sm-*类。

（3）测试栅格系统的布局，可通过 CSS 代码设置 border 属性观察，如下：div[class*="col-"]{ border:1px solid #000; text-align:center;}，其中*=是 CSS 3 中的包含选择器，class*="col-"意为类名中包含"col-"的所有类。

在这个区域中，有 4 个宽度均等的横向排列的小块，每个小块由一个图片和一些说明文字组成。每列使用栅格系统的 col-md-3 即可自动划分为四等份。

对应代码如下：

```html
<div class="container-fluid">
  <div class="row">
    <div class="col-xs-12 col-md-8">.col-xs-12 .col-md-8</div>
    <div class="col-xs-6 col-md-4">.col-xs-6 .col-md-4</div>
  </div>
  <!-- Columns start at 50% wide on mobile and bump up to 33.3% wide on desktop -->
  <div class="row">
    <div class="col-xs-6 col-md-4">.col-xs-6 .col-md-4</div>
    <div class="col-xs-6 col-md-4">.col-xs-6 .col-md-4</div>
    <div class="col-xs-6 col-md-4">.col-xs-6 .col-md-4</div>
  </div>
  <!-- Columns are always 50% wide, on mobile and desktop -->
  <div class="row">
    <div class="col-xs-6">.col-xs-6</div>
    <div class="col-xs-6">.col-xs-6</div>
  </div>
</div>
```

上述代码中，.col-xs-6 .col-md-4 的含义是 PC 上显示 3 列.col-md-4，手机上显示 2 列.col-xs-6，效果如图 8-14 所示，默认支持 PC 上的全屏 12 列宽度。

.col-xs-12 .col-md-8		.col-xs-6 .col-md-4
.col-xs-6 .col-md-4	.col-xs-6 .col-md-4	.col-xs-6 .col-md-4
.col-xs-6		.col-xs-6

图 8-14　栅格系统效果图

当缩小浏览器宽度变为类似手机的宽度后，响应式自适应的效果如图 8-15 所示。

.col-xs-12 .col-md-8	
.col-xs-6 .col-md-4	
.col-xs-6 .col-md-4	.col-xs-6 .col-md-4
.col-xs-6 .col-md-4	
.col-xs-6	.col-xs-6

图 8-15 栅格系统的响应式效果

根据我们要制作的页面的内容，结构如图 8-16 所示，然后我们再对代码进行修改和编写。

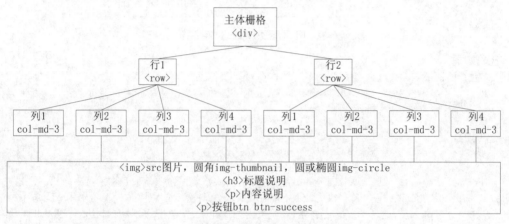

图 8-16 栅格系统布局内容

8.4.2 标签页布局

标签页布局又称为选项卡布局，主要通过 .nav-tabs 类实现。.nav-tabs 类需依赖 .nav 基类，其主要功能是通过选择标签头部菜单，在相同的标签页内容布局中对内容进行更换显示。

可以在官网菜单的"组件"中找到标签页布局，代码如下：

```
<ul class="nav nav-tabs">
  <li role="presentation" class="active"><a href="#">Home</a></li>
  <li role="presentation"><a href="#">Profile</a></li>
  <li role="presentation"><a href="#">Messages</a></li>
</ul>
```

效果如图 8-17 所示。

图 8-17 模板标签页效果

以上仅仅完成了标签页的头部，还需设计标签页的内容，标签页内容能与标签页菜单选项一一对应，主要是通过 id 名的访问链接，结构图如图 8-18 所示。

此处标签页的主题内容并不像上面的主题内容一样是进行四等分的，而是"左大右小"。这样又需要怎么样才能实现呢？同样是用栅格布局将页面拆分成左右宽度不一样的两栏。如让左边的 <div> 占有 8 份（col-md-8），右边的占有 4 份（col-md-4），加起来总数还是 12 份。

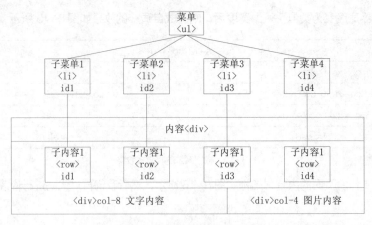

图8-18　标签页布局主体内容结构

代码如下：

```
<!-- Tab panes -->
    <div class="tab-content">
        <!--active 当前选中项-->
        <div role="tabpanel" class="tab-pane active" id="ai">
            <div class="row">
                <div class="col-md-8">
                    <h3>人工智能介绍</h3>
                    <p style="font-size:14px">人工智能（Artificial Intelligence），英文
缩写为 AI。它是研究、开发用于模拟、延伸和扩展人的智能的理论、方法、技术及应用系统的一门新的技术科学。</p>
                    <p>人工智能是计算机科学的一个分支，它企图了解智能的实质，并生产出一种新的能
以人类智能相似的方式做出反应的智能机器，该领域的研究包括机器人、语言识别、图像识别、自然语言处理和专家系统等。</p>
                    <p>人工智能是一门极富挑战性的科学，从事这项工作的人必须懂得计算机知识、心理
学和哲学。人工智能包括十分广泛的科学，它由不同的领域组成，如机器学习、计算机视觉等。2017 年 12 月，人工智能入选
"2017 年度中国媒体十大流行语"。</p>
                    <p><a href="#" class="btn btn-success" role="button">详细了解</a>
</p>
                </div>
                <div class="col-md-4">
                    <img src="images/content/AI.jpg" class="img-thumbnail" alt="人工智
能"/>
                </div>
            </div>
        </div>
        <div role="tabpanel" class="tab-pane" id="sdxx">
            <div class="row">
                <div class="col-md-8">
                    <h3>深度学习介绍</h3>
                    <p style="font-size:14px">深度学习（Deep Learning）的概念源于人
工神经网络的研究。含多隐层的多层感知器就是一种深度学习结构。深度学习通过组合低层特征形成更加抽象的高层表示属性类
别或特征，以发现数据的分布式特征表示。</p>
                    <p style="font-size:14px">深度学习是机器学习研究中的一个新的领域，
其动机在于建立、模拟人脑进行分析学习的神经网络，它模仿人脑的机制来解释数据，例如图像、声音和文本。</p>
                    <p><a href="#" class="btn btn-success" role="button">详细了
解</a></p>
                </div>
                <div class="col-md-4">
```

```
                                    <img    src="images/content/deeplearning.jpeg"    class="img-
thumbnail"alt="深度学习"/>
                            </div>
                        </div>
                    </div>
                    <div role="tabpanel" class="tab-pane" id="qkl">
                        <div class="row">
                            <div class="col-md-8">
                                <h3>区块链介绍</h3>
                                <p style="font-size:14px">狭义来讲，区块链是一种按照时间顺序将数
据区块以顺序相连的方式组合成的一种链式数据结构，是以密码学方式保证的不可篡改和不可伪造的分布式账本。</p>
                                <p style="font-size:14px">广义来讲，区块链技术是利用块链式数据结
构来验证与存储数据、利用分布式节点共识算法来生成和更新数据、利用密码学的方式保证数据传输和访问的安全、利用由自动
化脚本代码组成的智能合约来编程和操作数据的一种全新的分布式基础架构与计算范式。</p>
                                <p><a href="#" class="btn btn-success" role="button">详细了
解</a></p>
                            </div>
                            <div class="col-md-4">
                                <img    src="images/content/qukuailian.jpeg"    class="img-
thumbnail"alt="区块链"/>
                            </div>
                        </div>
                    </div>
                    <div role="tabpanel" class="tab-pane" id="hdp">
                        <div class="row">
                            <div class="col-md-8">
                                <h3>Hadoop 介绍</h3>
                                <p style="font-size:14px">Hadoop 是一个由 Apache 基金会所开发的
分布式系统基础架构。用户可以在不了解分布式底层细节的情况下，开发分布式程序。充分利用集群的威力进行高速运算和存储。
</p>
                                <p style="font-size:14px">Hadoop 的框架最核心的设计就是 HDFS 和
MapReduce。HDFS 为海量的数据提供了存储，MapReduce 则为海量的数据提供了计算。</p>
                                <p><a href="#" class="btn btn-success" role="button">详细
了解</a></p>
                            </div>
                            <div class="col-md-4">
                                <img src="images/content/hadoop.jpeg" class="img- thumbnail
"alt="hadoop"/>
                            </div>
                        </div>
                    </div>
                </div>
            </div>
        </div>
```

效果图如图 8-19 所示。

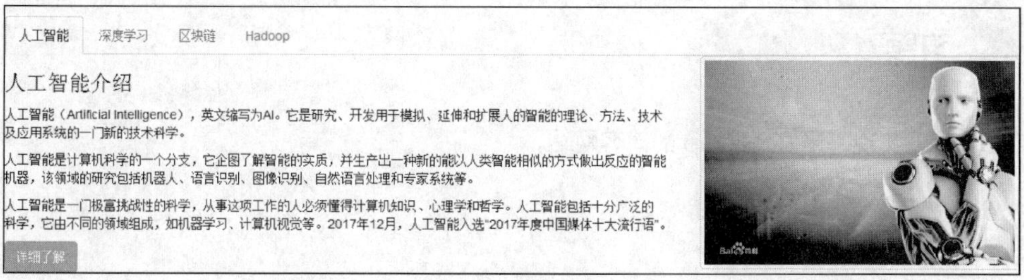

图 8-19　标签页主体内容效果

单击菜单可以切换内容，并且屏幕宽度缩小时，具有响应式效果，如图 8-20 所示。

图 8-20 标签页的响应式效果

8.4.3 底部的设计

底部的设计比较简单，一般仅需写上版权信息、联系方式、ICP 备案号等文字信息即可。可使用 HTML 5 的新增标签<footer></footer>，这样更具 "语义化"。

示例代码如下：

```
<div id="copyright" style="text-align:center; width:100%; background:#000;">
    <p style="margin-top:10px; color:#CCC;">hjs@2018 All Rights Reserved. </p>
    <p style="margin-top:10px; color:#CCC;"> 联系方式: qq: 13856487 邮箱: 13856487@qq.com
</p>
    </div>
```

效果如图 8-21 所示。

hjs@2018 All Rights Reserved.
联系方式: qq: 13856487 邮箱: 13856487@qq.com

图 8-21 底部说明页效果

在上述综合案例中，我们使用 Bootstrap 框架，实现了一个响应式网站项目，结合实际应用加深了对相关知识点的理解与应用，还尝试了通过官网提供的模板直接导入 Bootstrap 组件的方式。读者可借鉴这些方式方法，打造自己的个性化响应式网站。

 习题

自行设计及实现基于 Bootstrap 的博客网站。